江晓原 主编

科学建构：
从几何模型到
物理世界

Constructions
of
Science:
From the Geometric Model to
the Physical World

江晓原科学读本

上海教育出版社

Contents

目录

1 导言 | 江晓原

1 《物理学》第二卷 | 亚里士多德

33 《至大论》第一卷 | 托勒密

53 关于天体运动假说的要释 | N. 哥白尼

77 《对话》第二天（节选）| 伽利略

105 考虑天体和谐所必需的天文知识之要点
　　　| J. 开普勒

121 《自然哲学的数学原理》（节选）| 牛顿

143 相对论的基本思想和问题 | 爱因斯坦

163 最初三分钟 | 史蒂文·温伯格

183 《黑洞与时间弯曲》（节选）| 基普·索恩

237 膜的新世界 | 霍金

导言

江晓原

科学与科学精神

"什么是科学"与"什么是科学精神"都是非常难以确切回答的问题。下面是当代学者对科学的较为可取的特征描述:

A. 与现有科学理论的相容性:现有的科学理论是一个宏大的体系,一个成功的科学学说,不能和这个体系发生过多的冲突。

B. 理论的自洽性:一个学说在理论上不能自相矛盾。

C. 理论的可证伪性:一个科学理论,必须是可以被证伪的。如果某种学说无论怎么考察,都不可能被证伪,那就没有资格成为科学学说。

D. 实验的可重复性：科学要求其实验结果必须能够在相同条件下重复。

E. 随时准备修正自己的理论：科学只能在不断纠正错误不断完善的过程中发展前进，不存在永远正确的学说。

在此基础上，对于科学精神比较完整的理解也可以包括：

理性精神——坚持用物质世界自身来解释物质世界，不诉诸超自然力。

实证精神——所有理论都必须经得起可重复的实验观测检验。

平等和宽容精神——这是进行有效的学术争论时所必需的。所有那些不准别人发表和保留不同意见的做法，都直接违背科学精神。

不能将科学精神简单归结为"实事求是"或"精益求精"，尽管在科学精神中确实可以包含这两点，但"实事求是"或"精益求精"仅是常识。

并不是每一个具体的科学家个体都必然具有科学精神。

现代科学的源头在何处

答案非常简单：在古希腊。

如果我们从今天世界科学的现状出发回溯，我们将不得不承认，古希腊的科学与今天的科学最接近。恩格斯在《自然辩证法》中有两段名言：

如果理论自然科学想要追溯自己今天的一般原理发生和发展的历史，它也不得不回到希腊人那里去。①

随着君士坦丁堡的兴起和罗马的衰落，古代便完结了。中世纪的终结是和君士坦丁堡的衰落不可分离地联系着的。新时代是以返回到希腊人而开始的。——否定的否定！②

这两段话至今仍是正确的。考察科学史可以看出，现代科学甚至在形式上都还保留着浓厚的古希腊色彩，而今天整个科学发现模式在古希腊天文学中已经表现得极为完备。

欧洲天文学至迟自希巴恰斯以下，每一个宇宙体系都力求能够解释以往所有的实测天象，又能通过数学演绎预言未来天象，并且能够经得起实测检验。事实上，托勒密、哥白尼、第谷、开普勒乃至牛顿的体系，全都是根据上述原则构造出来的。而且，这一原则依旧指导着今天的天文学。今天的天文学，其基本方法仍是通过实测建立模型——在古希腊是几何的，牛顿以后则是物理的；也不限于宇宙模型，例如还有恒星演化模型等——然后用这模型演绎出未来天象，再以实测检验之。合则暂时认为模型成功，不合则修改模型，如此重复不已，直至成功。

在现代天体力学、天体物理学兴起之前，模型都是几何模型——从这个意义上说，托勒密、哥白尼、第谷乃至创立行星运动

---

① 《自然辩证法》，人民出版社，1971年，第30—31页。
② 《自然辩证法》，人民出版社，1971年，第170页。

三定律的开普勒,都无不同。后来则主要是物理模型,但总的思路仍无不同,直至今日还是如此。法国著名天文学家丹容在他的名著《球面天文学和天体力学引论》中对此说得非常透彻:"自古希腊的希巴恰斯以来两千多年,天文学的方法并没有什么改变。"而这个方法,就是最基本的科学方法,这个天文学的模式也正是今天几乎所有精密科学共同的模式。

有人曾提出另一个疑问:既然现代科学的源头在古希腊,那如何解释直到伽利略时代之前,西方的科学发展却非常缓慢,至少没有以急剧增长或指数增长的形式发生?或者更通俗地说,古希腊之后为何没有接着出现近现代科学,反而经历了漫长的中世纪?

这个问题涉及近来国内科学史界一个争论的热点。有些学者认为,近现代科学与古希腊科学并无多少共同之处,理由就是古希腊之后并没有马上出现现代科学。然而,中国有一句成语"枯木逢春"——当一株在漫长的寒冬看上去已经近乎枯槁的树木,逢春而渐生新绿,盛夏而枝繁叶茂,我们当然不能否认它还是原来那棵树。事物的发展演变需要外界的条件,中世纪欧洲遭逢巨变,古希腊科学失去了继续发展的条件,好比枯树在寒冬时不现新绿,需要等到文艺复兴之后,才是它枯木逢春之时。

科学不等于正确

在我们今天的日常话语中,"科学"经常被假定为"正确"的同义语,而这种假定实际上是有问题的。

比如，对于"托勒密天文学说是不是科学"这样的问题，很多人会不假思索地回答"不是"，理由是托勒密天文学说中的内容是"不正确的"——他说地球是宇宙的中心，而我们知道实际情况不是这样。然而这个看起来毫无疑义的答案，其实是不对的，托勒密的天文学说有着足够的科学"资格"。

因为科学是一个不断进步的阶梯，今天"正确的"结论，随时都可能成为"不够正确"或"不正确的"。我们判断一种学说是不是科学，不是依据它的结论，而是依据它所用的方法、它所遵循的程序。不妨仍以托勒密的天文学说为例稍作说明：

在托勒密及其以后一千多年的时代里，人们要求天文学家提供任意时刻的日、月和五大行星位置数据，托勒密的天文学体系可以提供这样的位置数据，其数值能够符合当时的天文仪器所能达到的观测精度，它在当时就被认为是"正确"的。后来观测精度提高了，托勒密的值就不那么"正确"了，取而代之的是第谷提供的值，再往后是牛顿的值、拉普拉斯的值等，这个过程直到今天仍在继续之中——这就是天文学。在其他许多科学门类中（比如物理学），同样的过程也一直在继续之中——这就是科学。

有人认为，所有今天已经知道是不正确的东西，都应该被排除在"科学"之外，但这种想法在逻辑上是荒谬的——因为这将导致科学完全失去自身的历史。

在科学发展的过程中，没有哪一种模型（以及方案、数据、结论,等等)是永恒的,今天被认为"正确"的模型,随时都可能被新的、更"正确"的模型所取代,就如托勒密模型被哥白尼模型所取代、哥白尼模型被开普勒模型所取代一样。如果一种模型一旦被取代,就要从科学殿堂中被踢出去,那科学就将永远只能存在于此时一瞬,它就将完全失去自身的历史。而我们都知道,科学有着两千多年的历史(从古希腊算起),它有着成长、发展的过程,它取得了巨大的成就,但它是在不断纠正错误的过程中发展起来的。

科学中必然包括许多在今天看来已经不正确的内容,这些内容好比学生作业中做错的习题,题虽做错了,却不能说那不是作业的一部分;模型(以及方案、数据、结论,等等)虽被放弃了,同样不能说那不是科学的一部分。

唯科学主义和哲学反思

近几百年来,整个人类物质文明的大厦都是建立在现代科学理论基础之上的。我们身边的机械、电力、飞机、火车、电视、手机、电脑……无不形成对现代科学最有力、最直观的证明。科学获得的辉煌胜利是以往任何一种知识体系都从未获得过的。

由于这种辉煌,科学也因此被不少人视为绝对真理,甚至是终极真理,是绝对正确的乃至唯一正确的知识;他们相信科学知识是至高无上的知识体系,甚至相信它的模式可以延伸到一切人类文化之中;他们还相信,一切社会问题都可以通过科学技术的发展而得到解决。这就是所谓的"唯科学主义"观点。①

正当科学家对科学信心十足，而公众对科学顶礼膜拜之时，哲学家的思考却是相当超前的。哈耶克早就对科学的过度权威忧心忡忡了，他认为科学自身充满着傲慢与偏见。他那本《科学的反革命——理性滥用之研究》(The Counter Revolution of Science, Studies on the Abuse of Reason)，初版于1952年。从书名上就可以清楚感觉到他的立场和情绪。书名中的"革命"应该是一个正面的词，哈耶克的意思是，科学（理性）被滥用了，被用来"反革命"了。哈耶克指出，有两种思想的对立：一种是有利于创新的，或者说是"革命的"；另一种则是僵硬独断的，或者说是"不利于革命的"。

哈耶克的矛头并不是指向科学或科学家，而是指向那些认为科学可以解决一切问题的人。哈耶克认为这些人"几乎都不是显著丰富了我们的科学知识的人"，也就是说，几乎都不是很有成就的科学家。照他的意思，一个"唯科学主义"（scientism）者，很可能不是一个科学家。他所说的"几乎都不是显著丰富了我们的科学知识的人"，一部分是指工程师（大体相当于我们通常说的"工程技术人员"），另一部分是指早期的空想社会主义者及其思想的追随者。有趣的是，哈耶克将工程师和商人对立起来，他认为工程师虽然在工程方面有丰富的知识，但是经常只见树木不见森林，

---

① Scientism 通常译为"唯科学主义"，其形容词形式则为 scientistic（唯科学主义的）。

不考虑人的因素和意外的因素;而商人通常在这一点上比工程师做得好。

哈耶克笔下的这种对立,实际上就是计划经济和市场经济的对立。而且在他看来,计划经济的思想基础,就是唯科学主义——相信科学技术可以解决世间一切问题。计划经济思想之所以不可取,是因为它幻想可以将人类的全部智慧集中起来,形成一个超级的智慧,这个超级智慧知道人类的过去和未来,知道历史发展的规律,可以为全人类指出发展前进的康庄大道,而实际上这当然是不可能的。

从"怎么都行"看科学哲学

科学既已被视为人类所掌握的前所未有的利器,可以用来研究一切事物,那么它本身可不可以被研究?

哲学中原有一支被称为"科学哲学"(类似的命名还有"历史哲学""艺术哲学",等等)。科学哲学家中有不少原是自然科学出身,是喝着自然科学的乳汁长大的,所以他们很自然地对科学有着依恋情绪。起先他们的研究大体集中于说明科学如何发展,或者说探讨科学成长的规律,比如归纳主义、科学革命(库恩、科恩)、证伪主义(波普尔)、研究范式(库恩)、研究纲领(拉卡托斯),等等。对于他们提出的一个又一个理论,许多科学家只是表示了轻蔑——就是只想把这些"讨厌的求婚者"(极力想和科学套近乎的人)早些打发走(劳丹语)。因为在不少科学家看来,这些科学哲学理论不过是一些废话而已，没有任何实际意义和价值，当然更不会对科学发展有任何帮助。

后来情况出现了变化。"求婚者"屡遭冷遇，似乎因爱生恨，转而采取新的策略。今天我们可以看到，这些策略至少有如下几种：

1. 从哲学上消解科学的权威。这至迟在费耶阿本德的"无政府主义"理论（认为没有任何确定的科学方法，"怎么都行"）中已经有了端倪。认为科学没有至高无上的权威，别的学说（甚至包括星占学）也应该有资格、有位置生存。

这里顺便稍讨论一下费耶阿本德的学说。[①] 就总体言之，他并不企图否认"科学是好的"，而是强调"别的东西也可以是好的"。他的学说消解了科学的无上权威，但是并不会消解科学的价值。费耶阿本德不是科学的敌人——他甚至也不是科学的批评者，他只是科学的某些"敌人"的辩护者而已。

2. 关起门来自己玩。科学哲学作为一个学科，其规范早已建立得差不多了（至少在国际上是如此），也得到了学术界的承认，在大学里也找得到教职。科学家们承不承认、重不重视已经无所谓了。既然独身生活也过得去，何必再苦苦求婚——何况还可以与别的学科恋爱结婚呢。

---

① 费耶阿本德的著作被引进中国至少已有三种：《自由社会中的科学》（上海译文出版社，1990年）、《反对方法——无政府主义知识论纲要》（上海译文出版社，1992年）、《告别理性》（江苏人民出版社，2002年）。

3. 更进一步，挑战科学的权威。这就直接导致"两种文化"的冲突。

"两种文化"的冲突

科学已经取得了至高无上的权威，并且掌握着巨大的社会资源，也掌握着绝对优势的话语权。而少数持狭隘的唯科学主义观点的人士则以科学的捍卫者自居，经常从唯科学主义的立场出发，对来自人文的思考持粗暴的排斥态度。这种态度必然导致思想上的冲突。一些哲学家认为，哲学可以研究世间的一切，为何不能将科学本身当作我们研究的对象？我们要研究科学究竟是怎样运作的、科学知识到底是怎样产生出来的。

这时原先的"科学哲学"就扩展为"对科学的人文研究"，于是SSK（科学知识社会学）等学说就出来了。主张科学知识都是社会建构的，并非纯粹的客观真理，因此也就没有至高无上的权威性。

这种激进主张，当然引起了科学家的反感，也遭到一些科学哲学家的批评。著名的"科学大战"[①]"索卡尔诈文事件"[②]，等等，就反映了来自科学家阵营的反击。对于学自然科学出身的人来

[①] 关于"科学大战"，可参阅[美]安德鲁·罗斯主编：《科学大战》，夏侯炳、郭伦娜译，江西教育出版社，2002年。

[②] 关于"索卡尔诈文事件"及有关争论，可参阅[美]索卡尔等著：《"索卡尔事件"与科学大战——后现代视野中的科学与人文的冲突》，蔡仲等译，南京大学出版社，2002年。

说，听到有人要否认科学的客观性，在感情上往往难以接受。

这些争论，有助于加深人们对科学和人文关系的认识。科学不能解决人世间的一切问题（比如恋爱问题、人生意义问题，等等），人文同样也不能解决一切问题，双方各有各的局限。在宽容、多元的文明社会中，双方固然可以经常提醒对方"你不完美""你非全能"，但不应该相互敌视、相互诋毁，只有和平共处才是正道。

但在很长一段时间里，科学和人文这两种文化不仅没有在事实上相亲相爱，反而在观念上渐行渐远。而且很多人已经明显感觉到，一种文化正日益凌驾于另一种文化之上。眼下最严重的问题，在于工程管理方法之移用于学术研究（人文学术和自然科学中的基础理论研究）管理，工程技术的价值标准之凌驾于学术研究中原有的标准。按照哈耶克的思想来推论，这两个现象的思想根源，归根结底还是唯科学主义。

改革开放以来，科学与人文之间，主要的矛盾表现形式，已经从轻视科学与捍卫科学的斗争，从保守势力与改革开放的对立，向单纯的科学立场与新兴的人文立场之间的张力转变。中国的两种文化总体状况比较复杂：一是科学作为外来文化，与中国传统文化存在着巨大差异；二是唯科学主义已经经常在社会话语中占据不适当的地位（这在发展中国家是常见的现象）；三是新技术所造成的社会问题已经出现，如工业环境污染、互联网侵犯隐私、新媒体矮化文化等。

公众理解科学

科学的最终目的,应该是为人类谋幸福,而不能伤害人类。因此,人们担心某种科学理论、某项技术的发展会产生伤害人类的后果,因而产生质疑,要求展开讨论,是合理的。毕竟谁也无法保证科学技术永远有百利而无一弊。无论是对"科学主义"的质疑,还是对"科学主义"立场的捍卫,只要是严肃认真的学术讨论,事实上都有利于科学的健康发展。

如今的科学,与牛顿时代,乃至爱因斯坦时代,都已经不可同日而语了。一个最大的差别是,先前的科学可以仅靠个人来进行。事实上,万有引力和相对论,都是在没有任何国家资助的情况下完成的。但是如今的科学则成为一种耗资巨大的社会活动,而这些金钱都是纳税人的钱,因此,广大公众有权要求知道:科学究竟是怎样运作的,他们的钱是怎样被用掉的,用掉以后又有怎样的效果。

至于哲学家们的标新立异,不管出于何种动机,至少在客观上为上述质疑和要求提供了某种思想资源,而这无疑是有积极意义的。

为了协调科学与人文这两种文化的关系,一个超越传统科普概念的新提法"科学传播"开始被引进,核心理念是"公众理解科学",即强调公众对科学作为一种人类活动的理解,而不仅是单向地向公众灌输具体的科学和技术知识。事实上,这符合"弘扬科学精神,传播科学思想,介绍科学方法,普及科学知识"的原则。

与此同时,在中国高层科学官员所发表的公开言论中,也不约而同地出现了对理论发展的大胆接纳。例如,科技部部长徐冠华在2002年12月18日的讲话中说:

> 我们要努力破除公众对科学技术的迷信,撕破披在科学技术上的神秘面纱,把科学技术从象牙塔中赶出来,从神坛上拉下来,使之走进民众、走向社会……越来越多的人已经不满足于掌握一般的科技知识,开始关注科技发展对经济和社会的巨大影响,关注科技的社会责任问题……而且,科学技术在今天已经发展成为一种庞大的社会建制,调动了大量的社会宝贵资源;公众有权知道,这些资源的使用产生的效益如何,特别是公共科技财政为公众带来了什么切身利益。①

又如,时任中国科学院院长路甬祥在讲话中认为:

> 科学技术在给人类带来福祉的同时,如果不加以控制和引导而被滥用的话,也可能带来危害。在21世纪,科学伦理的问题将越来越突出。科学技术的进步应服务于全人类,服务于世界和平、发展和进步的崇高事业,而不能危害人类自身。加强科学伦理和道德建设,需要把自然科学与人文社会科学紧密结合起来,超越科学的认知理性和技术的工具理性,而站在人文理性的高

---

① 《科学时报》,2003年1月17日。

度关注科技的发展,保证科技始终沿着为人类服务的正确轨道健康发展。[①]

所有这一切,都不是偶然的。这是中国科学界、学术界在理论上与时俱进的表现。这些理论上的进步,又必然会对科学与人文的关系、科学传播等方面产生重大影响。2002年底,在上海召开了首届"科学文化研讨会"(上海交通大学科学史系主办),会后发表了此次会议的"学术宣言",[②]对这一系列问题作了初步清理。随后出现的热烈讨论,表明该宣言已经引起学术界的高度重视。[③]

[①]《人民政协报》,2002年12月17日。

[②] 柯文慧(江晓原定稿):《对科学文化的若干认识——首届"科学文化研讨会"学术宣言》,载《中华读书报》,2002年12月25日。

[③] 围绕这份宣言,出现在纸媒和网上的各种讨论和争论,已经形成大量文献。此后数年召开了多次科学文化研讨会,较重要的文献有:柯文慧(江晓原定稿):《岭树重遮千里目——第四次科学文化会议备忘录》,载《科学时报》,2005年12月29日;柯文慧(江晓原定稿):《一江春水向东流——第五次科学文化研讨会备忘录》,载《科学时报》,2007年3月15日。

《物理学》第二卷

亚里士多德

| 导读 |

现代科学一般被认为源于一些古希腊人的思想，其中米利都（Miletus）①的泰勒斯（Thales，约624BC—546BC）因断言万物源于水而被尊为希腊科学和哲学的鼻祖。因为泰勒斯这一断言首次试图在解释世界的本原和自然现象时排除神话起因。爱奥尼亚的其他自然哲学家如阿那克西曼德（Anaximander，约610/9BC—546/5BC）、阿那克西米尼（Anaximenes，约585BC—528BC）、赫拉克里特（Heraclitus，约540BC—475BC）等对万物本原也各有主张。泰勒斯的学生，萨摩斯岛（Samos）的毕达哥拉斯（Pythagoras，约570BC—497/6BC），跑到意大利南部另立学派，开创一个

---

① 小亚细亚的希腊殖民地爱奥尼亚（Ionia）诸城市之一。

亚里士多德

非常重要的传统,即把数作为一个形而上学原则。该学派主张"万物等于数""整个宇宙等于数与和谐"。

毕达哥拉斯学派的主张受到柏拉图(Plato,427BC—347BC)的重视。在柏拉图的哲学中全部现实知识是符合于形式或理念的超感世界的,可感世界的事物不过是理念的模糊反映或粗糙仿造。在柏拉图的两个世界之间,数学占据了一个重要的中间地位,数学训练是步入哲学的真正准备。在柏拉图创立的雅典学院门口写着"不懂数学者,不得入内"的告示。

亚里士多德(Aristotle,384BC—322BC)的数学肯定是不错的,他17岁就入雅典学院接受高等教育,他天资聪慧,学习勤奋,被柏拉图称为"学院的智慧"。柏拉图去世之后亚里士多德离开雅典学院到小亚细亚游学数年,后被马其顿国王召回,当了后来成为亚历山大大帝的马其顿王子数年的老师。后来亚里士多德建立了自己的学院——"逍遥学院",一边漫步,一边给学生讲课。

亚里士多德的演讲收集起来近150卷,代表了当时知识的最高成就,有许多都是亚里士多德本人的独创思想和见解,其领域涵盖逻辑学、物理学、生物学、伦理学、政治学、文艺批评等多种学科。亚里士多德的著作被保存下来了,但起先其学说的价值并没有被基督教的西方世界所认识。基督教在西方一开始主要与柏拉图的学说联姻,亚里士多德的著作流传到阿拉伯世界并在那里得到研究。直到12、13世纪欧洲人才从阿拉伯人那里认识亚里士多德,其著作由阿拉伯文译成拉丁文。其时在基督教世界内部也掀起了一场用亚里士多德的知识体系代替柏拉图的知识体系的运动,亚里士多德的思想远离了它们应有的理性而被打扮成权威;他的学说中最不正确的部分却最容易被接受。到16、17世纪发生科学革命时,亚里士多德的学说,尤其是物理学,成了革命的对象。但无论如何,亚里士多德是一位伟大的科学家,他的学说可以当之无愧地成为古希腊哲学和科学最高成就的代表。

本书选取亚里士多德《物理学》的第二卷,以求读者能对亚里士多德的学说有所领略。在此先对亚里士多德的物理学主要观点,以及在此基础上推演出的关于天和地的理论略作说明。

亚里士多德认为地球上的所有物质都是由四种基本元素即土、水、气和火组成——不能把这些物质理解成这些名称所表示的经验物质,而应理解成只能想象的观念成分。其中每种元素都代表四种

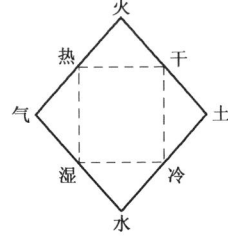

基本特性中两种特性的组合（如图）。

地球上的物体的运动分为自然运动和强迫运动，第一类是由组成这些物体的物质本性引起的，第二类只能暂时地由外部强加。自身性质决定一些物体下落，称为重物体；一些轻物体由其性质决定上升。

地上任何运动物体都由与它相连的外界物体所推动，这是地球上无生命物体运动的基础。由此得出：（1）一个脱离了所有外部影响的物体处于静止状态；（2）对每种强迫运动，必须寻找与物体有关的运动原因。进而可以推论出动力学的基本规律：由外力推动的物体运动的速度与推力成正比，与反对运动的阻力成反比。

与地球上物体的上升和下落的自然运动不同，还有一种天体所特有的永恒的均匀的圆周运动。天体不是由地球上的四种元素组成，而是由第五种元素构成。匀速圆周运动是第五元素的性质所固有的。由此导致两个推论：（1）世界结构本质上是以地球为中心，沉重的地球由于它特别的性质，正好静止于世界的中心。（2）把适

1

《物理学》第二卷

用于地球上的科学概念和推理运用到天体上去,这在逻辑上是不可能的。特别是把地球也看作天体,这是荒谬的思想。

以上亚里士多德关于天地的和运动学的结论,正是后来第谷、伽利略等人所要推翻的。在接受了基本教育的现代人眼里,亚里士多德的这些论断毫无疑问是错误的,甚至是愚蠢的。但是,在所有的希腊思想家中,亚里士多德对待自然具有最坦率的态度,这是科学创造所必不可少的态度。亚里士多德和其他希腊思想家的最大功绩就是把自然作为科学研究的对象。并且,亚里士多德的谬误也是理性的谬误,现代科学讲理性的传统就是从亚里士多德他们那里开始的。

在存在着的事物中,有些是由于自然而存在,有些则是由于其他原因而存在。由于自然而存在的不仅有动物以及它们的部分、植物,而且还有那些单纯的物体(譬如土、火、气和水)。我们把这些事物以及诸如此类的东西说成是由于自然而存在,是因为所有这些事物都明显地和那些不由

> "自然"是贯穿亚里士多德物理学全部的一个重要概念,由自然而有自然运动的概念,如,火的自然运动是上升,土的自然运动是下降,第五元素的自然运动是匀速圆周运动,等等。本节中亚里士多德先给自然下了一个定义,然后用各种例子说明什么是自然的。

5

于自然而构成的事物相区别。因为所有由于自然而存在的事物都明显地在自身之中有一个运动和静止的本原——有些是地点方面的,有些是增加和减少方面的,有些则是性质变化方面的。相反,床榻、罩袍以及诸如此类的其他东西,在它们各自的名称所规定的范围内,并且就它们是工艺制品而言,都没有这样的变化的内在冲动;尽管如果它们偶然地是由石头或土或这两者的混合构成,也会从这些构成材料中得到这种内在的变化本原。因此,所谓自然,就是一种由于自身而不是由于偶性地存在于事物之中的运动和静止的最初本原和原因。我之所以说不是由于偶性,是因为可能出现这种情况:一位医生或许是使自身疾病康复的原因。但是,他并不是作为患者而是具有医疗技术的人,医生和被医治的患者同属一人纯系偶然。正因如此,二者常常是彼此分开的。其他每个工艺制品的情况也是如此。因为没有一件工艺制品的制作根源①在自身之中,而是在他物之中(例如房屋和其他各种手工制品)。虽然有一些工艺制品的根源在自身之中,但那不是由于自身,而是由于偶性才可能成为这些东西的原因。

  自然的含义如上所述。只要具有这种本原的事物就具有自然。一切这样的事物都是实体,因为它是某种主体,而自然总是在主体之中的。

  "合乎自然"不仅指这些自然事物,而且也指那些由于自身而

---

① arkhe。

属于自然的属性，如火被向上地移动。因为它不是自然，也不是具有自然，而是由于自然和合乎自然。

什么是自然，什么是由于自然和合乎自然，都已经说过了。想要证明自然存在的企图是幼稚的，因为有许多这样的东西存在着。用模糊的东西来证明显明东西的做法，反而暴露了在判别自明的与非自明的事物上的无能。显然，这种混乱并非不可能出现。因为犹如天生的盲人去侈谈各种颜色，那些对名称进行理论却无所思想的人也必然是这样。

有些人主张，自然或者由于自然而存在的东西的实体就是以自身而寓于个别事物之中的尚未成型的原始材料，例如，木料是床榻的自然，青铜则是雕像的自然（安提丰就是这样说的：如果某人埋一张床，并且如果糜烂后的木头能够长出幼芽的话，那么，长出的东西就不会再是床而是树木。因为根据习惯规定和技术所做的安排都是偶然的东西，实体的自然性质则是那贯穿在过程中始终存在着的另外的东西）。但

> 亚里士多德是柏拉图的学生，柏拉图是苏格拉底的学生。那么，这说明什么？年轻人从年长者那里学到很多东西，但有时可能恰恰相反。科学需要新思想、新观点和新方法以使其一直能持续向前发展。但又需要有由经验而生的智慧，才能很好地利用这些新思想。

是，假如每个事物的质料与别的事物也有同样的关系，例如青铜、黄金与水的关系，骨骼、木料与土的关系，其他类似的关系也一样，那么，水、土等就是青铜、黄金、骨骼、木料等的自然和实体了。正因为这样，所以有些人说存在物的自然或本性是火，有些说是土，有些说是气，有些说是水，有些主张是其中的几个，有些则认为是它们全部。无论是把这其中的一个还是多个元素当作自然，他们都说这个或这些元素全都是实体，而其他的一切只是它们的属性、状况和次序。他们也认为这些元素是永恒的，因为它们没有相互的转化，而其他事物则在无数次地生成和消灭着。

上述这些是自然的一种说法，即在每个自身具有运动和变化本原的东西中作为载体的原始质料。另一种说法则是把自然视为依据理性的东西①的形状和形式。因为正像把由于技术的东西和工艺制品称为技术一样，合乎自然的东西和自然产物也被称为自然。如果仅仅潜在地是一张床而还没有床的形式，我们就不应当说这东西有什么是由于技术的，也不应当说它是工艺制品，在由于自然的事物中的情形也是这样。因为潜在的肌肉或骨骼在获得我们规定的什么是肌肉或什么是骨骼的原理所体现的形式之前，就还没有它自己的自然，也不会是由于自然的存在。所以，按照这一种解释，自然就应当是在自身中具有运动本原的事物的形状和形式，这种形状或形式除了在理性上外，不与事物相分离（由质料和形式构成的

---

① kata ton logon。

东西不是自然,而是由于自然,例如人)。而且,形式比质料更是自然,因为每一事物在其现实地存在时而不是潜在地存在时被说成是这个事物更为恰当些。

其次,人是由人生成的,床却不从床生成。因此,不说图形而说木料是床榻的自然;因为假如床能生长,那么,生长出来的就不会是床而是树木。所以,如若工艺制品的形式是技术,那么,人的形式就是自然;因为人是从人生成的。

再次,自然又被说成是生成,因为生成是导向自然之路。这个意义上的自然不像医疗,因为医疗不被说成是导向医术之路,而被说成导向健康之路。因为医疗必然是从医术出发,而不是导向医术,自然对自然的关系却不是这样,生长事物之作为生长是从一种事物长成另一种事物。那么,它长成什么事物呢?不是长成它所由以长出的那事物,而是长成它所趋于长成的那事物。因此,形式就是自然。但是,形式和自然都具有两层含义;因为在某种意义上,短缺也是一种形式。至于在总的意义上的生成是否存在着短缺和某种对立的问题,留待以后再作考察。

在分析了自然的多种不同含义之后,让我们接着来考察数学家与自然哲学家有什么区别。因为自然物体都具有面、体、线和点,数学家也正好要研究这些问题。此外,还要考察天文学是与自然哲学不同的另一学科呢,还是只为它的一个部分。因为,如若自然哲学家要想知晓太阳和月亮是什么,但又不去考察它们的那些由于自身而具有的属性,这是荒谬的,尤其是当自然哲学家这里亚里士多德明确区分了数学与自然科学的差别。古巴比伦人和古埃及人对田地的面积、仓库的容积等等的计算已经有了相当准确的公式,但是在这两个古代民族中没有发展出几何学来。只有希腊人——从泰勒斯开始,他们把点、线、面作为抽象的数学上的点(没有大小)、线(没有宽度只有长度)、面(没有厚度只有长度和宽度)来处理,建立起了公理化的几何学。

们实际上已经在揭示月亮和太阳的形状以及大地和宇宙是否为球形的时候,就更是如此。

数学家尽管也要从事点、线、面、体的研究,但并不把它们作为自然物体的限界,也不把它们作为属于这些物体的偶性来考虑。因此,他们是把它们分离出来考察的。由于它们是因思想而与物体运动相分离的,所以不会导致歧义,也不因分离而产生谬误。

那些讲理念的人却没有意识到他们也这样做了。因为他们分离了自然物,而自然物是不能像数学对象那样被分离的。假如对它们及其属性加以规定,这个问题就更清楚了。因为奇数、偶数、直线、曲线以及数目、线段、形状等概念都不涉及运动;但肌肉、骨骼和人不是这样,它们就像扁鼻,而不是像弯曲那样的概念。这一点可以从那些明显的是自然学科而不是数学分支的学科如光学、声学和天文学中得到说明。因为这些学科在某种意义上是与几何学相反的:几何学虽然研究自然的线，却不是作为自然的线来研究；光学尽管研究数学的线，但又不是作为数学而是作为自然的线来研究。

既然自然有两层含义——形式和质料——那么，我们就应该像考察扁鼻性那样地来考察它是什么。所以，这样的思考就既不能无视质料，也不能仅仅根据质料。

关于这个问题，或许有人会提出两点疑问——既然自然有两种含义，自然哲学家研究的是哪一种自然呢？或者对两者的构成物加以研究？假如既要研究两者的构成物，又要分别地研究每一种，那么，对两者的分别研究是同样的知识还是不同的知识？

在研读古人的著作时，人们可能会发现，他们似乎只注意质料。因为不论是恩培多克勒还是德谟克里特，都很少谈到事物的形式和"是其所是"。如果技术是模仿自然，并且，如果在技术中，认识形式和质料是同一门科学的任务（例如医生既要研究病人的健康，也要知道胆汁和黏液；同样，建筑师既要知晓房屋的形式，也要了解它的质料，如砖瓦和木材。其他技术活动也莫不如此），那么，物理学也就应该通晓这两种自然。

其次，"何所为"①和目的与达到目的的手段是同一的。而且，自然就是目的和"何所为"。因为，如果某物进行连续的活动，并且有某个运动的目的，那么，这个目的就是终结和所为的东西（正是这一点导致了诗人的荒诞。在谈到人之死时，他说，"他已达到

---

① to hou heneka。

了那个为之而生的目的了"。因为并非一切终结都是目的,只有最好的终结才叫目的)。既然技术制作质料——有些是笼统意义上的制作,有些则是以有效的方式制作——并且,凡是我们所用的东西,全都是当作为了我们而存在的。因为在某种意义上,我们自己就是目的。所为的东西有两层含义(在《论哲学》中已经说过了)。技术也有两种,即支配质料的技术和科学——或者叫作使用产品的技术和生产产品的技术。因此,在某种意义上使用者的技术就是生产者的技术。二者的区别是:使用者的技术是认识形式,而生产者的技术是认识质料。因为譬如,舵工应知道舵是什么性质的形式,并对舵的规格特点提出要求,而造舵的木工则应知道用什么木料做成舵及制作活动的过程。所以,在技术的产品中,是我们以自己作业为目的而制作质料,但在自然产物里,质料却是自然本身所具有的。

再次,质料是对某者而言[①]。因此相对于不同的形式,质料也就不同。

自然哲学家对事物的形式以及"是其所是"的问题必须了解到什么程度呢?或许,就像医生必须知晓肌腱,铜匠必须了解青铜,而且直至了解它们何所为那样,自然哲学家也必须了解事物各自所为着的东西,并且还要研究那些在形式上虽可分离,却存在于质料之中的东西。因为人生于人,也生于太阳。至于确定可

---

① to pros ti。

以分离的东西是怎样的及其"是其所是"的问题，则是第一哲学的事情。

进行了上面的分析之后，我们就应该进而考察原因，研究它们的性质和数量。因为，既然我们的事业是为了获取知识，而在发现每一事物的为什么，即把握它们的最初原因之前，是不应该认为自己已经认识了每一事物的，那么显然，我们就应该研究生成和灭亡以及所有的自然变化，并引向对它们本原的认识，以便解决我们的每一个问题。

所谓的原因之一，是那事物由之生成并继续存留于其中的东西，如青铜对雕像、白银对酒杯以及诸如此类东西的种。另一种原因是形式和模型，亦即"是其所是"的原理及它们的种，如八音度中二与一的比例，一般而言的数目以及原理中的各部分。再一个就是运动或静止由以开始的本原，如策划者是行动的原因，父亲是孩子的原因，以及一般而言，制作者是被制作物的原因，变化者是被变化物的原因。最后一个原因是作为目的，它就是"所为的东西"，例如健康是散步的原因。因为若问他为什么散步，我们回答说，是为了健康。这样说了，我们就认为是已经指出了原因。还有一些来自其他运动者的东西，成为达到目的的中介①，如减肥、清泻、药剂和器械就都是达到健康的中介。因为所有这些都是为了达到目的，虽然由于有些作为动作，有些作为器械而互不相同。

---

① metaksu。

原因的含义大致如此。既然原因有多种含义，那么，同一事物就有并非由于偶性的多种原因，如雕刻术和青铜都是雕像的原因，并且，不是作为任何别的什么，而是作为雕像的原因。当然，它们不是同一方式的原因，而是一个作为质料，另一个作为运动的来源。

有些事物是互为原因。例如，强壮的原因是进行锻炼，相反，进行锻炼的原因是强壮。但是，它们不是同一方式的原因，而是一个作为目的，另一个作为运动的本原。

其次，同一事物可以是相反结果的原因。因为如果某种结果是以某物的出现为原因，那么，我们有时就把相反的结果看作是由于这个事物没有出现。例如，船只的失事由于舵工不在场，相反，舵工的在场则是安全航行的原因。

现在所说的所有原因，都属于这常见的四种。因为字母是音节的原因，原料是器具的原因，火和类似的元素是自然物体的原因，部分是整体的原因，前提是结论的原因，而所有这些都是"所从出"①意义上的原因。只不过其中的一些是作为载体（如部分），另一些则作为"是其所是"的东西——整体、组合或形式。而像种子、医生、策划者以及一般而言的行动者，全都是静止、运动和变化的本原。另外有些则是作为目的和善。因为所为的东西就是最好的东西，并且是其他事物想要达到的目的（至于是自身的善还

---

① to eks hou。

是被认为的善,且不作区别)。

上述这些,就是原因的数量以及不同种类原因的性质。尽管这些原因的方式在数目上还很多,但仍可被归结为这样主要的几类。

原因有许多含义,并且,同类的原因彼此之间也有着先后之分。例如,医生和技师都是健康的原因,二比一的比例和数都是八音度的原因,而且,相对于特殊的原因来说,更为广泛的原因总是在后。

此外,原因还作为偶性及它们的种。例如,雕像的原因既可以说是玻吕克列托[①],也可以说是雕塑家,因为玻吕克列托作为雕塑家是偶然的。并且,包含偶性的那些种也是原因,如人或者更一般地说动物也会是雕像的原因。偶性作为原因相互之间又有远近之分,例如,假若白净的人和有教养的人都可以说成是雕像的原因的话。

除了固有原因和偶然原因的区分之外,所有原因都还或者作为潜能来说,或者作为实现了的来说。例如,建造房屋的原因,既可说是营造师,也可说是正在营造的营造师。

那些以所述的这些原因为原因的东西也是这样,例如,说这座雕像的或雕像的或一般而言肖像的原因,或者说这块青铜的或青铜的或一般而言质料的原因。偶然原因方面的情形也是如此。

---

① 公元前5世纪下半叶的希腊著名雕塑家,他的作品主要以青铜为材料。

油画《雅典学院》局部

此外，可以把两者合并起来表述，如不说玻吕克列托，也不说雕塑家，而是合起来说雕塑家玻吕克列托。

上面的所有这些区分都可以归结为六种，每一种又可以分为两个方面。因为原因或者作为特殊，或者作为特殊的种，或者作为偶性，或者作为偶性的种，或者把它们合并起来表达，或者把它们单独地表达。而且，所有这六种原因都既可以是实现了的也可以是在潜能上的。它们的区别是：实现了的原因和特殊的原因是与它们的结果同时存在和不存在的，如这位正在为人治病的医生和这个正在接受治疗的病人，那位正在建造房屋的人与那幢正在被建造的房屋，但在潜能上的原因并不总是这样，因为显然，房屋和建房者并不同时消灭。

必须永远去找寻每一事物的最根本原因（就像在其他场合中一样）。例如，人造房屋是由于他是一位营造师，而营造师之能造房屋则全凭他有营造技术。这种营造技术就是在先的根本原因。而且，一般来说都总是如此。

再有，种的结果要归之于种的原因，个别的结果则应归之于个别的原因。例如，一般的雕像是一般的雕刻家所为，这一座雕像则归因于这一位雕刻家。而且，潜在的原因相对于潜在的结果，而实现了的事物则与实现了的原因相对应。

至此，我们已经充分地分析了原因的数量和各种因果关系的方式。

机会和自发也被说成是原因，因为许多事物的存在和生成是由于机会和自发。所以就必须考察：机会和自发以何种方式存在于前面列举的那些原因之中，机会和自发是同一的还是不同的，总而言之，必须考察机会和自发是什么。

有人甚至怀疑是否有这两种原因存在。他们断言，没有什么东西是由于机会而生成的，相反，一切被我们说成是由于自发或机会而生成的东西都有某种被规定的原因——例如，一个人去市场，由于机会，他发现了想要找的那个人。但是，他原本并不指望能遇到他，因为他去市场的原因是想买东西。他们认为，在其他的所谓由于机会的场合也同样地总是可以发现不是机会的某种原因的。因为假如真有某种机会的话，那就实在是显得有些奇怪了，而且也会有人提出疑问：为什么古代的贤哲们在论及生成与灭亡的原因时从未有过一个人用机会来加以说明呢？相反，他们也似乎认为，没有什么东西是出于机会的。

但是，以下的情况颇为奇怪。许多东西的生成和存在都是由于机会和自发；而且，尽管人们不是不知道，每种生成的事物都可以被说成有某种原因（正如古人在否认机会时所提出的论证那样），但是，大家依旧断言，这些事物中有些是由于机会，有些不是由于机会。因此，他们至少可能是曾在某种意义上提及过这个问题。当然，机会也的确不会是他们所提出的例如友爱和争斗、心灵、火或其他某种诸如此类的东西中的某一个。所以，令人费解的是，他们究竟是否认有机会之类的原因存在呢，还是承认有却避而不谈呢？更何况他们有时候还在使用它。例如恩培多克勒

1

就说过,气并不总是被分散到最高的地方,而只是由于机会。在他的宇宙演化论中,他说,"它有一次由于机会像这样相遇在一起,却经常以其他方式相遇"。他还说,动物的部分大多是由于机会而生成的。

有些人甚至把自发看成是这个天球及一切宇宙的原因。因为他们认为,把宇宙区分为并且安排成现在这种秩序的漩涡运动是由于自发而生成的。最令人惊奇的是这种说法:一方面,他们宣称动物和植物都不是由于机会才存在和生成,自然、心灵或类似的某个其他什么东西才是它们的原因(因为从给定的每类种子中生成出来的不会是某种碰机会的东西,而是相反,橄榄树从一类种子生成,人却从另一类种子生成);另一方面,他们却认为,天体以及可见物中那些最神圣的东西都是由于自发而生成的,它们没有动物和植物所具有的那一类原因。如若事情真是这样的话,那就是一个很值得考察的问题,而且,与此有关的某些问题很可能已经说过了。因为除开这种说法的其他荒唐性之外,更为荒唐的是:他们虽没见到天体中有什么东西由于自发而生成,却要这样言说;有许多东西本来是碰机会而发生的,但他们又说那些事物不是碰机会。当然,实际的说法应该刚好相反。

有些人虽然也认为机会是一种原因,却把它作为某种神圣高贵、隐秘莫测、非人类所能理解的东西。

所以,我们必须考察机会和自发各自是什么,它们是同一的还是不同的,而且,如何使它们适于我们对原因的分类。

那么首先，既然我们看到，有些事物总是这样生成，有些事物则常常这样生成，因而显然，这些出于必然而生成、总是这样生成以及常常这样生成的事物中，没有一个的原因可被说成是机会或碰机会。但是，既然除了这两类事物之外，还有另一类生成的事物，而且，既然大家都断言这一类事物是由于机会，那么显然，确实有某种机会和自发。因为我们知道，这一类事物是由于机会，反过来，那些由于机会的事物也正是这一类。

在生成的事物中，有些生成是有所为的，有些则没有。而且，在前一类事物中，有些又是依据选择，有些则不是，但不论是否依据选择，这两种事物都属于有所为的那一类。所以很明显，即使在那些不是必然如此和常常如此的事物中，也仍然有一些可能是与"所为的东西"相关的。有所为的事物有的由于思考而发生，有的由于自然而发生。所以，当这一类事物由于偶性而生成了时，我们就说它们是碰机会的。因为就像事物既能由于自身也可由于偶性而存在一样，它们的原因也可以如此。例如，营造师的营造技术之为房屋的原因是由于本性自身，但他的白净面孔或文雅举止则是由于偶性。由于本性的原因是确定的，由于偶性的原因则不可确定。因为属于任何一种事物的偶性都为数无限。

正如以上所说，当这类事物在为了什么而生成中生成时，它就被说成是由于自发和机会（至于自发与机会的相互区别，要到后面才能确定，但现在有一点是清楚的，即它们二者都处在有所为的事物的范围内）。例如，当一个人在筹措款项准备宴席时，假若他知道的话，就会为了得到钱币而去某处；但是，这次他虽然去了那里，却不是为了这个目的，对于他来说，去那里收到了钱只是偶然做成的事情。而且，这也不是由于他经常地或必然地要去那个地方；这个目的——收到钱——也不是他去的原因，而这一些都是选择的目标和思考的结果。只有在这时，他去那里才被说成是碰机会。如果他是为了这个才选择去那里，即总是去或经常去那里收钱，那么，就不能说是由于机会。由此可见，机会是在那些有所为的选择中由于偶性的原因。所以，思考和机会同属一个领域，因为选择不能没有思考。

由于机会而生成的东西，其生成的原因必然是不确定的。正是这样，机会被认为是不确定的东西，而且是不能为人理解的；也正因为如此，有人认为事物在什么意义上都不会由于机会而生成。所有这些说法都是正确的，因为它们都很有道理。因为虽然在一种意义上，确有由于机会而生成的东西，因为它们是由于偶性而生成的，而机会就是作为偶性的原因，但是，严格地说，机会则不能作为任何东西的原因。例如，营造师是房屋的原因，但吹奏长笛的人由于偶性也可以是房屋的原因。一个人去收钱的原因（假如他不是为了收钱而去）可能是无限多的。因为他可能是想去见到某人、跟踪某人或躲避某人，也可能是想去看戏。而且，机会即使是某种反乎常规的说法也是正确的。因为常规乃是总是如此或通常如此的东西，而机会则是发生在除此之外的那些东西中。所以，既然这类原因是不确定的，机会也就是不能确定的。

在一些场合，有人可能会提出这样的问题：是否任何机遇的东西都可以是由机会生成的原因。例如，健康的原因是新鲜空气或阳光，而不是理发。因为有一些由于偶性的原因比另一些离结果更近些。

当某一机会的结果是好的时，就被说成是运气好。相反，当某一结果糟糕时，就被说成是运气坏；当这些结果关系重大时，就用幸运和厄运来称谓。所以，在人们错过了大坏事或者大好事时，也被说成是幸与不幸。因为思考被认为是断言了属性的实际存在，好像没有什么分别似的。

再者，也有理由说幸运是变动不居的。因为机会是变动不居的，而由于机会的东西没有什么总是如此或通常如此的。

所以，正如我们已说过的，机会和自发这两者都是由于偶性的原因，存在于那些不是必然，也不是通常地可能生成的事物中，而且，也与那些或许是有所为而生成的东西有关。

它们的区别是：自发的适应范围更广。因为一切碰机会的东西全都由于自发，但由于自发的东西并非全都是碰机会。

机会性和由于机会的事情只适于交好运以及一般而言能有行为能力的行为者。所以，机会必然是有关行为的。下面的事实能证明这一点：幸运被认为是与幸福同一的，或者至少也近于同一；而幸福就是某种行为（因为幸福就是做得好），所以，凡不可能行为的东西就不能做碰机会的任何事情。正因为如此，不论是无生命物、低级动物还是小孩，都不能做任何出于机会的事情，因为它们没有选择的能力。幸运和厄运也不属于它们，除非是用于比喻，就像普洛塔尔霍所说的，用以建造祭坛的石头交了好运，因为它们受到尊崇，而它们的同伴却匍匐在脚下，遭人践踏。但是，即使是这些东西，也只有在处置它们的人碰机会地对它们进行了某种行为时，它们才能承受由于机会的某种意义的影响；其他途径是不可能的。

自发却能在其他动物和许多无生命物中发生。例如，我们说一匹马自发地走来了，因为虽然它的到来实际上脱了险，但它并不是为了安全才到来的。一只三脚凳自发地摆着，虽然它摆在那里是为了供人坐，但是，却不是为了坐才摆着的。

所以很明显，如果某物是在有所为而生成的一般事物之列，但是，由于外在的原因，当它的生成不是为了实际发生的结果时，我们就说它是由于自发。如果这些由于自发的事件是按照具有选择能力的人的选择而生成的，那就叫作由于机会。

〔"automaton"（自发）这个词中的 maton 就能证明这一点。因为当有所为的某行为实际上没有在那之中产生结果时，就被说成是"枉然"（maton）。例如，如果去某处是为了排泄，但在走去之后没有排泄，我们就说是枉自走了一遭，而且，走本身就是枉然的。这就意味着，当自然的手段所为的那目的没有达到时，那个自然所为的另外的东西是枉然的。如果有人说枉自洗了个澡是因为太阳没发生日食，那就是荒谬的，因为这种行为并不是为了那个事件。因此，就其词源而言，自发一词就意味着自身（auto）枉然（maton）生成了。因为下落砸了人的石头并不是为了要下落砸人，所以，它下落砸人是由于自发，因为它也可能被某人为了砸人而摔下来。〕

在由于自然而生成的事物中，自发与机会的区别最为明显。因为在某物反乎自然而生成时，我们就说它不是由于机会，而更是由于自发而生成的。但严格说来，这是与自发的特性不同的，因为后者的原因是外在的，而前者的原因是内在的。

自发是什么，机会是什么，它们彼此的区别是什么，我们都已论述过了。在原因的诸种方式中，它们各自都属事物由以变化的本原之类；因为总有某种原因，或者是由于自然的原因，或者是来自思想的原因。但是，这类可能原因的数目是不确定的。

既然自发和机会是这样一类东西的原因，即它们可能应该以心灵或自然作为原因而生成，但实际上因由于偶性的某个原因而生成了；既然没有什么由于偶性的东西先于由于本性的东西，那么显然，也就没有什么由于偶性的原因先于由于本性的原因。所以，自发和机会要后于心灵和自然。因此，假如天体尤其要以自发为原因，那么必然地，心灵和自然就是许多其他事物以及这个宇宙本身的在先的原因。

显然，原因存在着，它们的数目就是我们所说的那么多。这些数目的原因就是对于"为什么"①这个问题的回答。因为，对不能被运动的对象来说，"为什么"归根到底要归结为"是什么"（例如在数学中，最终都要归结到直线、可约数以及其他什么的定义）；或者归为最初的运动者（例如，"他们为什么要打仗？"回答说："因为别人进攻了。"）；或者是为了什么（如为了统治）；或者用在生成的事物中，指质料。

显然，原因就是这么多类别，也就是这么多数目。既然原因有四种，那么，自然哲学家就应该通晓所有的这些原因，并运用它们——质料、形式、动力、"何所为"来自然地回答"为什么"的问题。后面三种原因在多数情况下都可以合而为一。因为所是的那个东西和所为的那个东西是同一的，而运动的最初本原又和这两者在种上相同。例如，人生于人。而且一般说来，那些自身在被运动而又运动着他物的东西都是如此（如若不是这样，就不是自然哲学的对象。因为它们发起运动，但在自身中没有运动，也不具有运动的本原，而是不能被运动的东西。因此，有三门研究工作，一门研究不能被运动的东西，一门研究被运动但不可毁灭的东西，再一门研究可以毁灭的事物）。所以，要说明事物的为什么，就必须追溯到质料，追溯到是什么，追溯到最初的运动者。因为考察生成原因的最为主要的方式，就是研究什么在什么之后生成，什么最初动作或承受，而且，在每一阶段上都总是这样。

---

① to dia ti。

自然地引起运动的本原有两类。其中的一类不是自然的，因为在它自身之中没有运动的本原。如果某东西自身不被运动而又发起运动，那它就属于此类，就像那完全不能被运动的东西、万物的初始以及"是什么"和形式。因为它是目的和"所为的东西"。所以，既然自然是"何所为"，也就必须要通晓它。而且，还要指出为什么的全部含义，例如，这个必然出于那个（或必然地或通常地出于那个）；这个会是这样，必定先有那个是那样（就像结论出于前提）；这就是某物"所是的那东西"；以及，因为这样更好——不是笼统地好，而是相对于每一特殊事物的本质来说的好。

　　首先必须说明，自然为什么是诸种原因中的"何所为"。其次还要论及必然性，说明它在自然哲学中所具有的含义和地位问题。因为所有思想家都把原因归结为必然性，他们说，既然热和冷以及诸如此类的每个东西自然是这个样子，那么，这些东西就是出于必然而存在和生成的。尽管他们也曾经谈到过其他的原因，有人提出过友爱与争斗，有人提出过心灵，但是，在提及之后就搁在一边了。

　　也许有人会提出疑问：为什么自然就不可以制作出无所为，也没有更好些，就像宙斯降雨不是为了使谷物生长，而是出于必然呢？因为蒸发后的汽必然冷却，冷却之后必定变成水下落，其结果，就使谷物得到水的滋润而生长。同样，如若谷物在打谷场上遭雨霉变，那么，那个雨也并非是为了如此，而是偶然地使谷

1

物霉变了。所以,在由于自然而存在的事物中的各个部分难道不也是具有如此情形吗?例如,人的牙齿就必然地是门齿锋利适宜撕扯,臼齿宽厚以便咀嚼,这种情形的出现难道不可以并非是为了什么东西,而只是由于巧合吗?其他那些被认为似乎是有"何所为"存在其中的部分也都是这样。当事物的一切部分结合得仿佛就像为了什么而生成时,那些由于自发而形成得很为适当的东西就保存了下来,不这样的就消灭了,而且还在继续消灭着,就像恩培多克勒所说的人面牛一样。

这一类的道理以及如果某人提出其他类似论证,或许就是人们提出疑问的理由。但是,这种方式的提问是不能成立的。因为这些以及所有出于自然的事物都总是如此或者经常如此地生成着,没有一个是由于机会和自发的。因为不能认为冬天多雨是由于机会,相反,如若在夏天多雨,才是由于机会;夏天炎热也不是机会,只有冬天炎热才应该说是机会。所以,如果要么认为是由于机会,要么认为是为了

> 亚里士多德在这里引述的恩培多克勒的"人面牛"源自后者提出过的这样一种生物学思想:最初,从土里生出许多没有脖子的头,有许多没有肩的胳膊游来荡去,还有一些没有额头的眼睛游荡着。单独的肢体游荡着……当一个神与另一个神大打出手时,这些肢体就相互结合了……那时生下了许多长着两个脸和两个胸膛的动物,出现上半截是人、下半截是牛的动物,还有一些人身牛首的动物,还有一些半男半女的动物,长着不能生育的生殖器。最后,那些不能适应自然环境、不能繁衍后代的便被淘汰了,留下来的只有人类和我们所见到的各种动物。

什么，而且，如果这些事物既不是由于机会也不是由于自发，那么，就应该是为了什么。但是，所有的这类东西都是由于自然而存在着，即使与我们意见不同的那些人也会承认这一点。所以，"何所为"存在于那些由于自然而生成和存在的事物中。

此外，在任何具有一个目的的过程中，人们安排先行和后继的各个阶段都是为了这个目的。而且，作为在行为中的，在自然中也会这样，反过来，作为在自然中的，在每一个行为中也会这样，假如没有什么阻碍的话。既然在行为中的是为了什么，那么，在自然中的也当然是为了什么。例如，假若一幢房屋是由于自然而生成的，那么，它也应该像现在由技术制作的一样生成；假若由于自然的那些事物不仅仅是由于自然，也是由于技术生成，那么，它们也就会像自然地生成一样。因此，先行的是为了后继的。一般说来，技术有些是完成自然所不能做到的事情，有些则是模仿自然。所以，如果按照技术的东西有所为，那么显然，按照自然的东西也就有所为。因为不论是在按照技术的产品里还是在按照自然的产物里，后继阶段对先行阶段的关系都是一样的。

这种情形在其他动物方面表现得最为明显，它们不懂技术、不做研究、不加思考地进行着制作。于是，有些人会提问说：蜘蛛、蚂蚁以及类似的其他动物的做工是由于心灵还是由于其他什么技术？像这样继续细心观察就会发现，在植物中，显然也是相关于目的才生出那些器官来的，例如，叶片的长出就是为了遮掩果实。所以，如果说燕子垒巢、蜘蛛结网是由于自然，那也是有所为的；同样地，植物生叶为了果实，根不往上蹿而向下伸是为了汲取养分。所以很明显，在由于自然而生成和存在的事物中是有"何所为"这类原因的。

再者，既然自然一词具有两层含义，一是作为质料，另一是作为形式，而形式就是目的，其他一切都是为了这个目的的，那么，形式就应该是这个"何所为"的原因。

当然，在按照技术的行为中会出现差误现象，例如，文法家写错了字，医生用错了药，那么显然，在按照自然的事物中也可能会出现同样现象。如果说在有些按照技术的产品中，正确的是有所为，差误的也是力图有所为，只是错过了，那么，在自然产物中也会具有同样情形，畸形就是错过了它所为了的那个东西。因此，在最初的结合物中，如果人面牛之类的东西没有针对某种规定和目的而行事，那么，也还是会由于某种本原的差错而生成，正如现在种子的差错一样。此外，必然是最初生成了种子，而不直接① 就是动物。所谓的"最初的完整自然"就是种子。

此外，有所为也存在于植物之中，只是准确程度差些罢了。那么，在植物中是否也生成过像人面牛一类的橄榄葡萄呢？这无疑是荒诞的。但是，如若动物中真有过这等怪物，那么，按理说植物中当然也应该有，而且，在种子中或许就是这样碰巧生成的。

但是，一般说来，持这种说法的人取消了由于自然而存在的

---

① oulophnes men prota。

东西乃至自然本身。因为出于自然的东西都是从自身中的某一个本原出发，经过连续不断的被运动，从而达到某一目的。运动所由出发的个别本原对每一个体不可能全然一样，也不可能是任意机遇，而是永远趋于相同的目的，假如没有什么阻碍的话。当然，这个所为的东西以及达到它的手段有可能由于机会而生成。例如，一个外邦人来了，在交付了赎金之后又离去了，好像他此行就是为了交付赎金，其实不然。这时，我们就说他干这事是由于机会。这是由于偶性而发生的，正如我们在前面所说，机会就是一种出于偶性的原因，但是，当这事总是要发生或经常在发生时，那就不是偶性也不是由于机会了。假如没有什么障碍，在自然事物中永远如此。如若由于没有看见有运动的策划者，就因此而不承认生成是有所为，这是荒谬的。其实，技术也无谋划。因为假如造船术存在于木料之中，那么，由于自然也就同样地能造出船来。所以，如若所为的东西存在于技术中，那它也存在于自然中。最为明显的例子就是医生诊治自己，因为自然就是像这个例子一样。

因此很明显，自然是一种原因，而且如上所说，是作为有所为的原因。

至于必然性是什么的问题，我们要问：它是出于假定的呢，还是也属于单纯的？因为现行的看法是把必然的东西置于生成过程之中，就像有人所认为的，墙壁似乎应当是这样地出于必然而生成：由于重的东西自然地被向下移动，轻的东西则自然地被放在顶上，所以，石料和地基就在下面，土由于较轻则置于其上，木料最轻，就放在顶上。

尽管没有这些东西墙壁就不会这样生成，但它不是由于这些东西——除非作为它的质料因——它的生成是为了遮盖和保护某些东西。在其他一切有所为的事物情形中，也都是这样，即如若没有这些具有必然本性的东西，生成就不可能，但生成不是由于这些东西（除了作为质料），而是为了什么。例如，为什么锯子是如此这般的？回答说：因为要这样才能锯而且也是为了这样锯。当然，假若锯子不由铁所制成，它所为的东西也就不能实现。所以，如果要有锯子并让它进行锯东西的活动，它就必然要由铁所制成。可见，必然的东西是出于假定，而不是作为目的。因为必然的东西是在质料之中，而所为的东西则是在原理之中。

在数学中，必须的东西和在按照自然而生成的事物中的必然的东西在某些方面具有相似之处。因为，既然它所是的是直线，那么必然地，三角形的内角之和等于两直角。但是，不能反过来，如果三角形的内角之和不等于两直角，直线也就不是它所是。然而，在有所为而生成的事物中，反过来也能成立。如果目的会存在或者已存在，那么，它的先行阶段也会存在或者已存在。如若不然，就会像那里结论不存在始点也不会存在一样，在这里，目的和所为的东西也不会存在。因为它也是一个起点，当然不是行为活动的起点，而是推论过程的起点（在数学中，由于不存在行为活动，就只有推论过程的起点）。所以，如果要有一幢房屋，这样一些东西，或一般而言的为了什么的质料（例如砖瓦和石料，如若是为造房的话）就必然要先已生成了、准备好或存在着。当然，目的不是由于这些东西——除了作为质料外——也不会由于这些东西才存在。但是，如若没有这些东西，房屋和锯子也不会存在；因为如果没有石料，就没有房屋；如果没有铁，也就没有锯子（就像在数学中一样，如果三角形内角之和等于两直角不成立，它的那些原理也就不成立）。

所以很明显，在自然物中的必然性，就是我们所说的作为质料的东西以及它的运动。尽管这两类原因都要被自然哲学家研究，但尤其要研究的是"何所为"。因为它是质料的原因，而并非质料是目的的原因。而且，目的就是所为的那东西，本原是来自定义和原理的。正如在按照技术的产品中那样，既然房屋如此这般是它所是，那么，它的那些材料必然已经生成和准备好了；既然健康是它所是，它的各类素质要求也必然已经生成和具备了。同样，如果人是他所是，必然已有某些因素；而且，如果这些因素是它们之所是，又必然已有另外一些因素。或许，必然性也存在于原理中。因为如若把锯这种活动定义为如此这般地分割，那么，如若没有此类特性的锯齿，这种分割就不会存在；如若它不是铁制的，也就没有这种特性的锯齿。因为在公理中，也有一些作为公理质料的部分。

选自《亚里士多德全集》第二卷，苗力田主编，徐开来译，
中国人民大学出版社，1991年。

《至大论》第一卷

托勒密

| 导读 |

柏拉图主义要求用匀速圆周运动来描述天体的运动,这为数理天文学的发展开辟了道路。希腊人寻找各种圆的组合方式,来为解释和预言行星的运行建立几何模型。建立模型的方法从此成为科学研究的基本方法之一。

欧多克斯在柏拉图的原则指导下提出了天体的同心球理论。他一共设置了27个同心球:恒星一个,五颗行星每颗四个,太阳和月亮各占三个。这种理论鲜明地表现了希腊人是从数学角度考虑天文学问题的,它不涉及使真实天体运动起来的机理,也不追究这些球体是由什么形成的,它们彼此怎样在物理上相互适应,它们的动力从何而来。这些球体是数学上的球体。而在柏拉图主义者看来,这个系统是个理想的实在,而通过感官感知的星空是一个不完美的复制品。

希腊天文学家虽然在思想上有柏拉图主义的倾向，但是他们仍颇具科学精神。他们认识到实测结果是评价数学表述的标准，数学推论最终要和观测所揭示的现象相一致。欧多克斯体系没有做到这一点。喜帕恰斯提出了一种不同的描述天文现象的方法，这种方法建立在阿波罗尼乌斯发现的基础上。托勒密（Claudius Ptolemaeus，常作 Ptolemy，约 100—170AD）进一步精练和发挥了这个理论，并写入了它的集大成之作《至大论》中。

现在只知托勒密一生都生活、工作在亚历山大城。他姓名中的 Ptolemaeus 表明他是埃及居民，而祖上是希腊人或希腊化了的某族人；Claudius 表明他拥有罗马公民权。《至大论》是托勒密所有重要著作——流传至今的包括完整的和不完整的共有 10 种——中最早的一部。

在《至大论》导言中，托勒密论述了不能把地球看作运动着的星体——从根本上说，这是来自亚里士多德的物理学。他承认从数学上可以把星空的周日运动看作地球绕自转轴的周日运动的反映，但他坚持这在物理学上是荒谬的。他的主要论据是：如果地球从西向东旋转，我们应该可以看到地球上所有的东西向西移动，而不应与地球紧紧相随。这个反驳在以后的许多世纪里不断地被提出来反对地动说。后来这个问题被具体地表述为：一块石头垂直向上抛出，其落点应该在投掷点的西边。这条反驳意见是站在亚里士多德错误的"惯性定律"基础上的。直到伽利略提出他的惯性定律之后，这条反对地动说的论据才被化解。

《至大论》第一卷的最后几章论述了希腊测量学和三角学原理。在准备了必要的数学工具后，托勒密在第一卷和第二卷的其余部分论述了球面天文学的所有内容。第三卷论述太阳的运动。这里出现了偏心圆运动的概念，它被用来解释四季长短不一的原因。偏心圆运动是希腊天文学的一个特征。第四、第五卷讨论月球运动。第六卷描述日食和月食。第七、第八卷给出了包括有1 022颗恒星的星表，给出了每颗星的黄经、黄纬及亮度，还讨论了喜帕恰斯发现的岁差。第九到第十三卷论述了五颗行星的运动。

如果要数那些对世界历史产生了巨大影响的书，《至大论》毫无疑问就是其中一本。直到16世纪，天文学家的思想实际上还一直受这本书的支配。《至大论》不仅提供了一个切实可行的解释和预报行星运动的模型，而且全书在把所论述的问题按定义、命题的次序构造成一个公理体系方面也堪称典范。科学早在其起源阶段就幸运地找到这种公理化、模型化的表达形式。

1. 前　　言

亲爱的希勒斯①，在我看来，那些真正的哲学家将实际知识和理论知识区分开来是很有道理的。即使实际知识在它成为实际知

---

① 希勒斯是个医生，但究竟是托勒密的学生、朋友还是儿子则不清楚。——译者

科学建构：
从几何模型到物理世界

江晓原
科学读本

16世纪画的托勒密像

古希腊天文学家喜帕恰斯确认了850颗恒星，并把星星分为六个星等（表观亮度）。在公元2世纪，托勒密在这一恒星家族名单中又添加了170个成员。他还命名了48个星座，这些星座名称至今仍用于现代星图中。

识之前原来就是理论知识，两者间仍存在巨大差异。不仅因为一个没有学识的人虽然可以品德高尚，但若不学习就不可能了解整个科学理论，而且还因为在实际事物方面通过对事物本身不断重复的操作即可获得最大效益，而在理论知识方面，最大效益只有通过向前进步才能获得。因此，应当使我们习惯于即使在使用想象力时也不要忘记去思量事物的美妙与和谐，并冥思苦想地去揭示那些美妙的定理，特别是那些称之为数学的定理。

亚里士多德非常恰当地将理论知识分成物理学、数学和神学三部分。所有物体都依赖物质、形式和运动而得以存在。如果把这三者分开，无论哪一个都无法单独看见，只能凭想象来推测。如果一个人想要寻求无比淳朴的、宇宙第一运动的第一因，将发现那就是无形无像的、永恒不变的上帝。寻求上帝的科学就是神学。它探索的是物质世界的彼方，与我们所感觉的、接触的事物截然不同。而研究物质及其运动，以及白、热、甜、软等性质的科学叫物理学。这类本质由于一般仅仅是事物之所是，故可以在月球层下面有生有灭的①物体中找到。用形状、运动、图形、数目、大小、位置、时间等等来显示事物性质的科学叫数学。这类本质位于神学与物理学之间，不仅因为它可以通过感官也可以不通过感官来想象，而且还因为它是所有世间的和永恒的事物的一种绝对的非本质属性；按照事物不可分离的形态，随着那些不断变化的事物一起变化；在神圣的和具有神圣性质的不变事物中则保存其形态的不变性。

因此对神学和物理学的探索，宁可用推测的语言而不用科学的语言来阐述。因为神学所研究的绝不是可见的和可及的事物，物理学所研究的又是不稳定的和含糊的事物，为此，哲学家永远不会对它们持一致意见。只有数学，如果抱着研究的态度来探讨，会使人获得确切的、可靠的知

---

① 亚里士多德认为地上的物体是有生有灭的，而天体则是永恒的、不生不灭的。托勒密继承了这种看法。——原编者

跟科学史上的其他大师们一样，托勒密也是非常重视数学的。《至大论》主要是运用数学来解决天文学问题，但在数学上也有创造性的工作。第一卷中定义了弦函数，构造了步长为半度的弦表，其中引入的关于圆内接四边形对角线和边长的关系的定理是托勒密首次提出的，现在就叫作托勒密定理。

识,并以无可辩驳的步骤给出算术与几何的论证。因此,我们应当竭尽全力探索这一理论学科,特别是探索与神奇天体有关的学科。它研究的对象永不变化(这的确是科学的固有标志),并具有清晰明了、井然有序等特点。当它与其他学科相结合时,其他学科仍能保持其本身的特性。这一特殊的数学理论最适宜为神学作准备。因为只有它能对不变的和分离的行为进行研究,这一行为与天体的运动和排列关系非常密切。这些天体是可感觉到的,既是主动的又是被动的,[①] 同时又是永恒的。再就物理学而言,不会出现偶然的一致。因为物质的本质可从其位置运动上明显地看出来。例如,从直线运动和圆周运动可以看出物质的可生可灭还是不生不灭。从接近中心的运动和远离中心的运动可以看出物质的轻与重、被动与主动。事实上没有任何学科能够像物理学那样,通过考虑天体的同一性、规律性、恰当的比例和淳朴的直率,使有学识的人品格高尚,行为端方;使从事物理学研究的人成为这些美德的爱好者;并且通过耳濡目染,使他们的心灵自然地达到相似的境界。

通过学习致力于这门科学的前人已经发现的东西,通过在可能的时间内作出微薄的原始贡献,我们尽力增加对这门科学的热爱。为此,我们将以最简明的方式来阐述已被揭示的定理,使得有些基础的人便于阅读。并将所有有关天上事物的理论按照适

[①] 根据亚里士多德哲学,天体对地上的物体来说,由于不受约束,表现为主动的,但对于第一因来说,则是被动的,因为严格说来只有第一因才是主动的。——原校者

当的顺序加以编排，使之成为一部完整的著作。为了不使本书太长，我们只论述已被前人严格证明的定理，并尽可能地附带论及未经充分证明或证明得不太完善的理论。

2. 定理的顺序

本书将先阐述地球和整个天空的一般关系。然后阐述个别的问题，首先是黄道的位置以及地球上我们居住的这一部分地区，接着是由于地平线的倾斜在这些地区之间产生的差异。这些理论一旦领悟，将有利于研究以后的问题。继而，再论述太阳和月亮的运动以及与它们有关的事情。没有这些预备知识，就不可能有效地考虑关于星辰的理论。为此，我们最后才论述星辰。有关所谓恒星天层的问题，理所当然地要先予以讨论，然后是有关所谓五颗行星的问题。我们将使用前人和我们自己的观测作为研究的前提和基础，并借助几何论证，来尽力阐明这些事物。

我们宣布天层是球形的，并且在旋

"与恒星的大小和距离相比，地球可以看成是一个点"，这说明至少到希腊化晚期，希腊天文学已经对地球的形状和在宇宙中的大小有了一个非常接近真实的认识。

转；地球也是球形的，并且位于诸天的中心，像一个几何中心一样；与恒星的大小和距离相比，地球可以看成是一个点，本身不具有任何位置运动。为了使人对此有所领悟，将扼要地一一予以说明。

3. 天球层的旋转运动

这可能是古人从观测中得到的第一个概念。他们不断看到日、月、星辰总是在互相平行的圆中从东向西运动。从地平线升起慢慢达到顶部，然后开始下落，最后像堕入地面似地消失。消失一段时间后又从另一点升起，像前一天那样下落。他们还观测到升起与下落的时间和地点存在着一定的规律。

天球的概念特别是由于观测到星辰的旋转而产生的。它们围绕着同一个中心旋转。这个中心点被看成是天球的极。靠近极的星旋转时所遵循的圆较小，远处的星旋转时所遵循的圆较大。圆的大小与离开极的距离成比例，直到见不到星的距离为止。然后他们看到靠近永不没星的那些星消失的时间较短，远离永不没星的那些星消失的时间较长。消失时间的长短与离开永不没星的距离成比例。仅仅根据这些理由就足以使他们把天层的旋转看成是一个原理，并据此去理解由此产生的其他现象。而所有的现象都与其他的想法相矛盾。

例如，假设恒星在直线上运动并趋于无限，那么，如何解释每一颗星每天总是从同一起点开始运动呢？既然是奔向无限，又如何返回到原处呢？为何在返回时未被观测到呢？为什么不随着逐渐变小而终于消失呢？事实上消失时看来反而变大，像是被地球表面切断似的，一个个地消失。此外，假设恒星从地面升起时被点亮，进入地面时被熄灭，这种说法则更为荒谬。因为即使我们接受下述谬论：即它们在大小、数目、距离以及时间上所表现的美妙的秩序都是胡乱地、偶然地完成的；地球的一面具有炽热的性质，另一面具有熄灭的性质；或者说在同一面，对某些民族点燃，对其他民族则熄灭等；也无法说明那些永不升落而经常可以看到的恒星。为什么那些点燃而又熄灭的星不为地球上各个部分上升和下落呢？为什么那些不受这种方式影响的星不为地球上各个部分高悬在天空呢？因为按照这一假设，同一些星不能只对某些民族点燃和熄灭，而永远不对另外一些民族这样做。然而显然同一些星的确只对地球上某些部分上升和下落，而对其他部分则既不上升也不下落。

总之，如果认为天层不是在球面上运动的话，不论地球位于何方，从地球到天层的任何部分都将不等，结果在每一次旋转中对同一些人来说星的大小和相互角距离都将不同，有时大一些有时小一些。但是并没有观测到这种现象。星在地平线附近似乎大一些并非由于星在接近我们。这是地球周围的水蒸气引起的错觉，正像水中的东西越深显得越大一样。

下述这些考虑也会导致球形的概念：计时的仪器除与球形天层的概念相符外，与其他任何假设都不相符；天体的运动应当是最敏捷流畅和最少阻碍的，这样的轨道在所有的平面图形中是圆，在所有的立体图形中是球；此外，由于在周长相等的图形中，角越多则越大，因此圆是平面图形中最大的，球是立体图形中最大的，天体是物体中最大的。

再者，某些物理学上的考虑也会导致这种推测。例如在所有物体中以太具有最细微和最均匀的组成部分，由均匀的部分构成的表面必然也具有均匀的部分，在平面图形中只有圆具有这样的表面，在立体图形中只有球具有这样的表面。因为以太不是平面的而是立体的，所以只能是球形的。此外，大自然用圆形和不同质的部分建造地上可腐朽的物体，用球形和同质的部分建造以太中神圣的物体。因为如果后者是圆形的话，从地球上不同地方同时观看它们时，它们就不会呈现出圆形。因此有理由认为围绕它们并具有类似性质的以太也是球形的，又因为以太的每一部分都是均匀的，所以它在圆周上规则地运动。

4．地球总的来看显然也是球形的

地球上的观测者并非同时看到日月星辰的出没，而是东方的居民先看到，西方的居民后看到。我们还发现对同一时刻发生的食现象，特别是月食，每人所记录的时刻（即从正午算起的时间间隔）却不相同。东方的观测者记录的时刻总是比西方的观测者记录的时刻晚一些。两处见到食的时刻之差与两地间的距离成比例。因此，可以合乎情理地假定地球的表面是球面，各部分的曲率大致是一样的。

如果不是球面，就不会出现上述情况。例如，如果地球的表面是凹形的，西方的居民将首先看到初升的星；如果是平面，所有的人都会看到星辰在一起同时出没；如果是三角形的、四边形的或者任何其他多边形的，所有的观测者都会看到星辰在同一条直线上同时出现。但实际上这些现象都没有观测到。地球也并非像有些人所认为的那样是圆柱形的。侧面朝向星的出没，底面朝向宇宙的极。因为这样的话人们将永远见不到有一些星永不下落。所有的人都将见到所有的星有升有落，所有的人都将见不到与两极等距离的那些星。然而事实上我们越向北极前进，北天的星越增加，南天的星越减少。因此，很明显，地球上各部分的曲率是相同的，地球是一个球体。此外当我们在大海中朝向高山或高地航行时，不论从哪个方向去看，它们的体积都在渐渐地增加，像是从海里升起来似的；而在此以前，由于水面的曲率，它们好像是沉浸在

> 此段和下一段论证地球是球形的，都非常精彩。就是现代人也想不出更好的办法来证明这一点。但是在以后的岁月里，球形大地的概念似乎也没有得到很好的普及，甚至被人们遗忘了。将近1 400年后的哥伦布，相信地球是球形的，并发起探险航行，俨然成了英雄行为。

海水中似的。

5. 地球位于诸天的中心

现在把问题从地球的形状转移到地球的位置上。观测到的事实只有假定地球位于诸天的中心（如同位于球的中心一样），才能得到解释。如果地球不位于诸天的中心，那么它或者与两极等距但不在轴上；或者在轴上但与两极不等距；或者既不在轴上又与两极不等距。

首先来证明第一个假定是不正确的。如果假定地球不位于轴上，就地球的某些部分[①]而言，地球或者位于轴上或者位于轴下。这些部分，在直立球[②]的情况下，由于地平面将天空分成两个不等的部分，因此永远不会有昼夜平分的时候。就地球的其他部分而言，天空是倾斜的。由于地平面没有把天赤道（绕极旋转的最大平行圈）平分成两半，而是地平面之上或者地平面之下的一条平行圈将天赤道平分成两半，因此，或者没有春分点，或者春分点不在夏至点和冬至点的中间。然而尽人皆知从春分到夏至最长的那一天，与从春分到冬至最短的那一天的时间间隔是相等的。此外，由于假定地球不在轴上，致使地球的某些部分偏东或偏西，结果

---

① 指地球的赤道部分。——原校者
② 观测者如位于赤道上，周日平行圈将垂直于地平线。这时的天球叫直立球。如果地球的中心位于轴上，则地平面平分周日平行圈。在地球的其他部分，周日平行圈与地平线倾斜，这时观测者所见的天球叫倾斜球。——原校者

对这些部分而言恒星的大小和角距在东西地平线上既不相等也不相同。而且从星出现到中天的时间与从中天到沉没的时间也不一样。显然，这些与日常所见的现象相反。

再看第二个假定，即地球位于轴上但偏向一极。那么在各个纬度上地平面将把天空分成两个不相等的部分，两部分的差异程度视纬度与地球偏离中心的情况而定。只有对直立球来说，地平面才能平分天空。在倾斜球的情况下地球的中心越偏向北极，地平面以上的天空部分越小，地平面以下的天空部分越大，结果还使通过黄道带中心的大圆不被地平面所平分。但事实绝非如此，十二宫中的六个宫经常出现在地平面上，其他六宫则看不见；而当后者全部出现时，前六宫却看不见。这表明地平面平分黄道。

此外，如果地球不位于天赤道上而偏于南北任一极，那么，在春分或秋分日出时圭表的影子与日落时的影子将不在一条直线上。但所见到的情况均与此相反。由此可以立即证明第三个假定也是错误的，因为前面两个假定中的矛盾也在这里出现。

总之，如果地球不位于宇宙中心，那么所观察到的昼夜消长规律将发生混乱。此外，由于当日月正好相反时地球并非常常位于它们的中间，因此当日月相冲时不会经常发生月食。

6. 相对于天空来讲地球是一个点

从地球上各个部分同时观看星的大小和距离，似乎都是相等的和相似的。从不同纬度上观看同一些星并没有发现有丝毫差异。可见比起延伸到所谓的恒星天层的距离来说,地球不过像一个点一样。此外,安置在地球上任何部分的圭表和浑仪中心,对于观测日影和星空的旋转来说就像安置在地球的真正中心一样,即与安置在地球的真正中心时所观测到的现象完全一致。

另一个表明地球与天层距离相比不过是一个点的证据是地平面总是精确地将天球一分为二。如果地球与它到天层的距离相比有一定的大小,那么,只有经过地球中心的平面才能精确地平分天球。经过地球表面任何其他部分所画的平面,都将使地球下面的天球部分大于地球上面的天球部分。

7. 地球没有任何位置变化

已经证明地球既不能偏离它的倾斜方向,也不能离开它的中心位置。此外,当看到所有重物都趋向地球的时候,再去追问趋向中心的原因在我看来似乎就是多余的了。理解此事的唯一捷径是一旦证明就整体来说地球是一个球体并且位于宇宙的中心,正像以前所说的那样,那么重物运动的趋势(我指的是它们本身的固有运动)是时时处处都垂直于落体与地球表面接触点的切面。由于经过球心的直线总垂直于该直线与球面交点的切面,所以很明显,如果重物不是受到地面的阻挡,它们一定会到达中心。

那些认为像地球这样重的一个物体能够既不摇晃也不运动是一件怪事的人乃是被自身的经验引入歧途。他们没有从整体出发来考虑问题。我相信,如果他们停下来想一想地球的大小与它周围的一切相比几乎可以看成是一个点的话,他就不会觉得这件事太不寻常了。他们就会认为地球这个相对的极小由于受到宇宙这个绝对的极大的均匀作用而被支撑和固定在空间是可能的。对于地球而言,宇宙并无上下之分,正如球面无上下之分一样。至于宇宙中的混合物,则根据其特性和固有运动,[①] 轻盈细微的东西向外飘散,并且向上飞腾(我们称从我们头上向宇宙包面[②] 去的方向为"上");凝重粗糙的东西向地心运动,并且向下降落(我们称从我们脚下向宇宙中心去的方向为"下")。由于相似的阻力和相互的碰撞,它们会适时地在中途停止。因此,地球也可以考虑为这些下落的物体中最大的一个物体,由于受到像是受它吸引的这些小物体的力的作用而保持不动。如果地球具有类似那些小物体的运动,由于它的巨大体积,它将远远地把它们甩到后面。于是动物及其他小物体将会停留在半空中,而地球将会很快地从天空中坠出去。只要想一想这些事情就会觉得他们荒谬可笑。

还有一些人,他们虽然对这些论据没有什么反对理由,并且认为很合情合理,但是认为下述假定也是无瑕可指的,即天空是静止的,地球每天从西向东绕轴旋转一周;或者地球和天空都在

[①] 和亚里士多德一样,托勒密将运动分为天然运动和强力运动两类。对混合物(指由月球层下面的物质组成的可生可灭的物体)而言,天然运动指的是不受阻力的非强迫运动,强力运动指的是强迫运动或干扰运动。托勒密称混合物的天然运动为固有运动。对单纯物(指天体)而言,只有天然运动,即规则的圆周运动,没有强力运动。——原校者

[②] 托勒密认为宇宙有一个外壳,故有宇宙包面的提法。——原校者

从托勒密所引述的他不同意的观点中，我们看到他那个时代已经有了精致的地动观点——用地球的自转来解释天体的周日视运动。

在当时来说，假设地球自转而带来的好处远远多于不便。当时已经很准确地估算出了地球的周长，这么大的一个球体一天转动一圈，意味着地球表面的线速度是非常巨大的，诸如云彩等飘浮物如何能大致静止在空中呢？这个难题要到伽利略相对性原理提出后才能解决。

绕同一轴旋转，前者被后者一次又一次地超过。

的确，如果只考虑到星辰的话，这个简单的设想似乎很有道理。不过，他们忽略了以下这件事，即从围绕我们大气中所发生的事情来看这个设想就显得荒谬可笑了。因为，为了使我们接受这些不自然的概念，即那些轻盈精微的物体或者根本不动或者与那些性质相反的物体毫无区别（而大气中那些不太轻盈和不太精微的物体比地上的物体显然迅速得多）；那些最沉重和最致密的物体快速而规则地运动（而地上的这类物体的确难于搬动）——为了使我们接受这些概念，他们不得不承认地球比它周围所有的物体都转动得更快。由于它在如此短促的时间内进行一次如此巨大的旋转，从而使所有不呆在地上的物体都具有一种相反的运动。再也不会看到一朵云彩向东飘浮，也不会看到其他东西在空中飞翔或被掷向天空。因为地球在其向东的运动中总会超过它们，使它们看来是在向西运动。

如果他们说大气也被带着以相同的速度和方向旋转，那么大气中所包含的物体看来仍然被地球和大气两者所超过。如果说这些物体和大气结成一体进行旋转，这样一来，虽然不存在超过或被超过的问题，但是这些物体将永远保持其相对位置而不动，并且无论是飞行体或是抛射体都不存在运动和变化。然而我们清楚地看到所有这些物体都在运动，其运动的快或慢似乎丝毫不受地球运动的影响。

8. 天层中有两种不同的基本运动

这些假设对以后的详细探讨是必要的。它们最终还要由符合观测的推论来建立和证实。因此在这里扼要地叙述一下也就够了。除了已经提出的假设以外，还需假定天层中有两种不同的基本运动。一种是所有物体以同一方式同一速率围绕规则旋转球的极沿着相互平行的圈从东向西的运动。最大的平行圈叫赤道，因为只有它总是被地平圈（天球上另一个大圆）所平分，并且因为每当太阳围绕着它运转时即出现昼夜等长。另一种是恒星天层围绕与第一种运转不同的极沿着与上述运动相反的方向旋转的运动。我们之所以这样假定，是因为每天都看到所有的天体都沿着显然与赤道平行的轨道上升、中天和下落（这是第一种运动的特征），以后又继续观测到所有恒星看来都保持着它们相互之间的角距离，以及它们在第一种运动中的位置特点，然而太阳、月亮和行星的运动相当复杂且彼此不同，它们都与第一种运动恰好相反，以与恒星运动相反的方向向东运转。

行星的这种运动如果是在赤道的平行圈里围绕第一种运动的极进行的话，只要假定它们是在进行与第一种运动相一致的运动就足够了。行星的运动仅仅是落后的结果而已，并非是一种相反的运动。然而行星在向东运动时，与极有一定的偏差，而且此偏差的大小彼此并不相同。这种变化似乎是由于特殊的作用引起的。这种运动从极和赤道来看显得不规则，从与赤道倾斜的另一个大圆来看却是规则的，所以可以认为这样的一个大圆本来就是行星的共同轨道。实际上，这正是太阳作周年运动的大圆，也可以说是月亮和行星作周年运动的大圆。月亮和行星总是在这个大圆的附近，虽有偏离但不会超过规定的距离并受制于一定的规则。它看来是一个大圆，还由于太阳在赤道南北的摆动，以及所有行星（像我们说过的那样）的东向运动发生在同一个大圆上。因此有必要假定一个与一般运动不同的第二种运动，即围绕这个倾斜的大圆（黄道）的极，与第一种运动方向相反的运动。

考虑一个通过上述两个圆的极的大圆。这个大圆必然将两者——赤道和与赤道倾斜的大圆——中的每一个圆垂直平分为二。于是在倾斜圆或黄道上就出现四个点。与赤道相交的两个遥遥相对的点叫分点，从南向北的那个分点叫春分点，相反的那个点叫秋分点。与通过黄道或赤道的极的那个大圆相交的两个遥遥相对的点叫至点，其中在赤道以南的那个交点叫冬至点，以北的那个点叫夏至点。

托勒密体系的宇宙图

于是第一种运动可以定义为通过黄道、赤道之极的大圆带领所有天体围绕赤道之极从东向西的运动。通过赤道两极的大圆叫子午圈，通常子午圈并不总是经过黄极，但一定得垂直地平面。子午圈平分地球之上和地球之下的两半个天球，提供正午和子夜的时间。由多种运动组成的第二种运动包含在第一种运动里，它驱使所有行星围绕黄道的极作反向运动。黄道的极位于影响第一种运动的圆上，即位于经过黄道和赤道的四个极的圆上，黄道的极当然也随着这个圆一起运动，因而进行着与第二种基本运动相反的运动，从而使黄道相对于赤道经常保持同一位置。

选自《天文学名著选译》，宣焕灿选编，知识出版社，1989年。刘彩品译。

关于天体运动假说的要释

N. 哥白尼

| 导读 |

哥白尼（Nicolas Copernicus, 1473—1543）于1473年2月19日诞生于波兰托伦的一个富商之家。十岁丧父后，由其一位兼任主教的叔父抚养。其后多年在波兰的文化中心克拉科夫学习数学和绘画。1496年起哥白尼到意大利游历，十年内先后在波洛尼亚、帕多瓦和斐拉拉等三所大学里攻读医学和宗教法规。在波洛尼亚期间，哥白尼与该校天文学教授迪·诺瓦拉（de Novara）有密切的接触，后者正是在自然哲学中复兴毕达哥拉斯思想的领袖。

当时的意大利是欧洲文艺复兴的中心，学者们向古希腊的遗产汲取思想的源泉，并在自由的氛围里对诸多现存的僵化学说和制度提出批评和挑战。在天文学上，托勒密的学说就是这样一种被批评的对象，人们讨论它的错误和改进它的可能性。

为了更准确地描述和预测行星的运动，托勒密的后继者们引入了越来越多的本轮，其体系的复杂程度大大背离了毕达哥拉斯派的柏拉图主义所追求的数学上的简单和完美性。哥白尼在思想上倾向于毕达哥拉斯派，认为天体应该有简单完美的运动，也应该有简单完美的数学描述。在哥白尼看来，托勒密体系在这一点上不能算合格。所以他想到如果宇宙的中心是太阳而不是地球，那么对天体运行的理解和描述就可能会简单得多。

1505年哥白尼返回波兰，任弗洛姆布克天主教堂的教士。在繁杂的行政事务工作之余，他开始思考如何把宇宙中心移到太阳上去。从1512年起他开始在新假说基础上推算行星的位置。1530年左右哥白尼将他的学说写成概论，以手稿的形式在欧洲学者间广泛流传。后又在数学家雷梯库斯（Rheticus, 1514—1574）的强烈要求下，哥白尼同意出版他的全书，敬献给罗马教皇保罗三世。传说第一本书送到哥白尼手里几小时之后，他就与世长辞了。

该书的初版被冠以《托伦的尼古拉·哥白尼论天体运行轨道》（共六册）这样一个名称，后来一般简称为《天体运行论》。哥白尼学说的革新内容主要在《天体运行论》的第一册中得到描述。在这内容丰富的第一册中哥白尼描绘了他的宇宙图景：太阳位于宇宙的中心，水星、金星、地球带着月亮、火星、木星和土星依次绕太阳运行，最外围是静止的恒星天层。根据这幅宇宙图像，哥白尼可以很简洁地解释行星视运动中的"留""逆行"等现象，以及水星和金星的大距。而在托勒密体系中，为了解释同样的现象，需要引入许多特设的假定，从而破坏理论的简洁性和完整性。

哥白尼声称他的宇宙体系比托勒密体系优越，是因为他的体系更简单和完美。这点在《天体运行论》的第一册中得到了淋漓尽致的体现，第二册到第六册中的论述却在简单和完美性方面打了折扣。哥白尼共引入34个本轮来推算行星的运动，这比托勒密体系最多时的80个本轮少多了，但是推算工作仍不简单。或许我们对哥白尼声称的其学说的简单性可以这样来理解：只有在对行星运动进行定性描述时，它才是简洁的、和谐的。

毋庸讳言，哥白尼从托勒密那里获益匪浅，他从《至大论》中得到了许多观测数据和几何方法，以及编制星表的资料。有些问题的处理完全因袭《至大论》。哥白尼比托勒密还接近古希腊的天文学家和哲学家，他坚持用匀速圆周运动这种天体所应有的"完美运动"来描述行星的运动。以至于当代一些学者评论说，《天体运行论》与其说是在解释宇宙，还不如说是在解释托勒密。

《天体运行论》初版的序言称该书只是提供了一种解释行星运动的数学方法。这篇序言不是出自哥白尼原意，而是监督该书出版的路德派教士奥西安德擅自加入的。把哥白尼体系看成是一种数学模型，还是一种宇宙的真实图景，这将直接影响教会对《天体运行论》的态度。《天体运行论》出版之后，有少数数学家接受了哥白尼的学说，而一些著名学者如弗朗西斯·培根等则明确表示反对地动说。因此哥白尼学说的影响还很有限，并未构成对纳入经院学派的托勒密学说的冲击。并且按照当时的物理学和天文学知识还无法理解地球在运动这一事实，哥白尼学说遭受着各种"合理"的责难。如果地球在绕太阳运动，那么应该可以观测到恒星的位置有一个周年的变化，上抛的物体不该掉到原地，地球有被瓦解的危险，等等。对这些问题的解答，确实要等到物理学和天文学进一步发展之后。

伽利略的许多物理学和天文学发现都直接驳斥了亚里士多德派的物理学和托勒密的天文学，从而对哥白尼学说形成有力的支持。因此当伽利略满腔热忱地宣传哥白尼学说时，亚里士多德派占多数的学术界便催促教会采取措施，在1616年禁止了伽利略说话，并由红衣主教柏拉明宣布哥白尼学说是"错谬的和完全违背圣经的"，《天体运行论》在未改正之前不许发行，哥白尼学说则可以当作一个数学假说来讲授。

然而科学界对哥白尼学说的接受不必理会教廷的裁决，也不必等到证明地球是在绕日运动的直接证据的发现。伽利略、开普勒、笛卡尔和牛顿都是如此，正是这些科学大师的信奉和宣传，才确立了哥白尼学说的科学地位。事实上1822年教廷正式裁定太阳是行星系的中心的时候，直接证明地球在绕太阳运动的证据并没有被发现。直到1835年贝塞尔用精密的仪器发现了天鹅座61的周年视差之后，[①] 日心地动说对恒星周年视差的预言才得到观测证实。

从科学史的角度来看，地动说的想法不是哥白尼的独创。因

[①] 详见《科学验证：那些天空及世间的证明》书中《天鹅座61的视差》一文。

1 关于天体运动假说的要释

为在古希腊天文学体系当中,并不是所有的体系都是"地心系"的。萨摩斯的阿利斯塔克(Aristarchus,约公元前310—前230)在综合毕达哥拉斯和赫拉克雷迪斯的一些观点的基础上,就提出过一个日心宇宙体系。然而在托勒密体系被吸收为教会的正统理论并在欧洲占统治地位长达千余年后,哥白尼再提出一个地动的学说,确实需要非凡的见识和勇气。并且,与古代希腊粗糙的日心学说相比,哥白尼构造了一个公理化的精致的日心体系,该体系给出的新颖预言,如金星相位变化、恒星周年视差等,一一得到了观测证实。

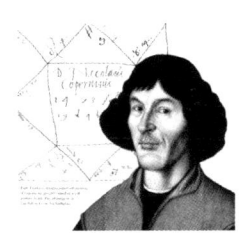

哥白尼

我们的祖先设想了许多天层,我认为是为了在保持均匀性原理的条件下解释星体的视运动。在他们看来,既然天体是正圆球体,如果他们并不随时作匀速运动,那就太荒唐了。可是他们认为下述情况是可能的,就是一个星体的几种规则运动迭合在一起,在某一位置上看来,是在作不均匀的运动。

卡利普斯和欧多克斯力图用同心圆解决这个问题，并用它们来解释行星运动的各种特点，但他们没有达到这一目的。因为这些特点不仅与恒星的视旋转有关，而且，据我们看来，行星有时候升到天空高处，有时候又降低，显然这用同心圆理论无论如何是解释不通的。因此认为，用偏心圆和本轮来解释这个问题的说法比较好。最后，多数学者同意这种说法。

然而，托勒密和许多别的天文学家在不同地方关于这一问题的理论，虽然与数值计算相符，但也吸引了不少疑问。的确，这种理论是不充足的，只有设想有一些称为等效圆的圆圈，它才能成立。那么其结果是，天体既不是沿着载运它的轨道，也不绕着它自身的中心在作等速运动。因此，这样的理论，既不够完善，也不完全合理。

我注意到了这一点，于是就常常想，能不能找到这些圆的一种更合理的组合，用它可以解释一切明显的不均匀性，并且如同完美运动原理所要求的，每个运动本身都是均匀的。当我致力于这个无疑是很

托勒密的理论在哥白尼看来是不完善的，主要是因为托勒密体系中"天体既不是沿着载运它的轨道，也不绕着它自身的中心作等速运动"，也就是说，托勒密的理论并没有严格符合"天体应该作匀速圆周运动"这一古希腊原则。

关于天体运动假说的要释

困难的而且几乎是无法解决的课题之后,我终于想到了只要能符合某些我们称之为公理的要求,就可以用比以前少的天球和更简便的组合来做到这一点。这些要求按下列次序排列:

第一条:所有的天体轨道或天球不存在一个共同的中心。

第二条:地球的中心不是宇宙的中心,而是重力中心和月球轨道中心。

第三条:所有的天体都绕太阳旋转。太阳俨然是在一切的中央,于是宇宙的中心是在太阳附近。

第四条:日地距离和天穹高度的比小于地球半径和日地距离的比。因此,与天穹高度比起来,日地距离就微不足道了。

第五条:天穹上显现出的任何运动,不是天穹本身产生的,而是由于地球的运动。正是地球带着周围的物质绕其不动的极点做周日运动,而天穹和最高的天球始终是不动的。

第六条:我们看到的太阳的各种运动,不是它本身所固有的,而属于地球和

> 哥白尼也极力把他的学说构建成一个公理体系,以下提出的七条是他的日心体系的推理前提,即公理。

其所在天球。就像任何别的行星一样,地球和其所在天球一起绕着太阳运动;这样,地球就具有几种运动了。

第七条:行星的视顺行和逆行不是它们在运动,而是由于地球在运动。因此,只要用地球运动这一点就足以解释天上见到的许多种不均匀性了。

从这些前提出发,我力求简短地阐明,怎样才能完全有系统地保存运动的均匀性。然而,为简明起见,我认为在这里必须省去数学论证,因为它们适合于篇幅更大的著作中。但是,在论述这些圆时,我们将指明轨道半径的长度。从这些长度,每一个数学方面的行家很容易看出,这些圆的这种组合与数值计算以及观测结果符合得多么好。

所以大家不要认为,我们是和毕达哥拉斯学派一样草率地主张地球运动说;在我关于圆的论述里人们会找到严格的论证。由于自然哲学家想要建立地球不动说的那些主要论据,大部分是根据表面现象得出的,所以如果我们也根据表面现象认

> 哥白尼在这里强调了他的日心体系与古希腊人曾经主张的地动说是不同的。所谓不同应该在于,古代的地动说只是一种思想,哥白尼的日心说建立在一个精致的数学模型的基础上。

为地球在运动,那么所有这些论据立即就瓦解了。

论天球的序列

天球按下列次序互相环绕。最高的是恒星的天球,这个天球本身是不动的,它包含和容纳一切;在它下面是土星,接着是木星,再往下是火星;火星下面就是地球在它上面转动的天球;然后是金星,最后是水星。月亮的天球绕着地球旋转,并像一个本轮那样随着地球运动。按照上述的次序,行星转动的速度一个超过一个,这是由它们运行的圆周的大小而决定的。

这样,土星每30年运转一周,木星是12年,火星是3年,地球转到原来位置要整整一年;金星转一周是9个月,而水星是3个月。

论太阳的视运动

地球有三种运动,一种是顺着黄道十二宫的次序,每年沿着大圆绕太阳转动一周。在相同的时间内,它总是描绘出相等的弧,但是这个圆的中心不在太阳中心,它和太阳中心的距离是它自身半径的1/25。既然这个圆的半径与天穹高度比起来是微不足道的,因此我们看上去是太阳在转动,而地球好像是处在宇宙的中心。但是这种现象应当说不是由于太阳的运动,而是由于地球的运动产生的,例如,当地球在摩羯宫的时候,看上去太阳则在正对着直径的巨蟹宫,余类推。太阳的这种运动看上去是不均匀的,而随着太阳与轨道中心的距离变化,这在前面已经谈过了。由于这一原因,造成的最大偏差达 $2\frac{1}{6}$ 度。太阳偏离轨道中心,其方向对着天穹上的一点,这一点总是在双子座头部最亮的那颗星的西面约 10 度处。所以当地球正对着这一位置,而轨道中心又处在它们之间时,我们看上去太阳处于最高点。不仅地球在这个轨道上运转,一切位于月亮天球之内的东西也和地球一起运动。

地球的第二种运动是它的周日运动。这是它最独特的运动,就是绕着它的两个极,顺着十二宫的次序,自西向东运动。由于这种运动,看上去整个宇宙好像在以令人头晕的速度旋转着。当然,地球是和环绕着它的水圈以及紧紧包围着它的大气一起旋转的。

第三种是赤纬的运动。实际上周日运动的轴与大圆的轴不平行,而是对它倾斜成一个角度,它目前大约是 23 度半。因此,虽然地球中心总是在黄道面上,即在大圆轨道的圆周上,地球的两极却绕着与大圆轴线等距离的中心点绘出两个小的圆周。这个运动的周期大约为一年,与大圆上的运动差不多相同。然而大圆的轴总是对天穹保持不变的位置,并指向所谓的黄道两极。如果赤纬运动和大圆运动的周期正好完全相等,那么两种运动合在一起,就会使周日运动的两极永远固定地指向天空上的两点。经过长时期观察,现已证实地球对于天穹的这种方位在改变着,所以很多人认为天穹本身有几种运动,对这些运动的规律人们尚未充分了解。

利用地球的可动性来加以解释,这一切都不足为奇了。至于两极向何处靠拢——这不是我要谈的问题。我在地面上看见,带磁的铁条总是指着同一方向。但是我认为,最好还是假定这一切都是借助于某一个球体才产生的。这个球的运动引起两极的移动,而这个球无疑应当位于月亮下面。

论运动的均匀性不应对二分点,而应对恒星决定

由于二分点和宇宙的其他一些基点的位置变化相当大,所以谁要是想用它们来确定周年转动的平均周期,那是会大失所望的。各个不同时代的大量观测表明,这个平均周期是不一样的。喜帕恰斯求得这一时间间隔等于 $365\frac{1}{4}$ 天,而迦勒底人阿尔·巴塔尼测出,这样的一年是 365 天 5 小时 46 分钟,也就是说比托勒密测定的结果短了 $13\frac{3}{5}$ 分钟或 $13\frac{1}{3}$ 分钟。塞维利亚天文学家又把它增加了一小时的二十分之一,认为一个回归年等于 365 天 5 小时 49 分钟。

这个差额不能认为是由于观测误差引起的。这可以用下列情况来说明:任何人只要多注意一点细节,那么他就会发现,这个差额永远与两分点的变化相适应。实际上,如果宇宙的基点像托勒密时代所发现的那样,每一百年移动一度,那么,这时一年的长度恰好同托勒密所求得的一样。在他以后的几个世纪里,这些点移

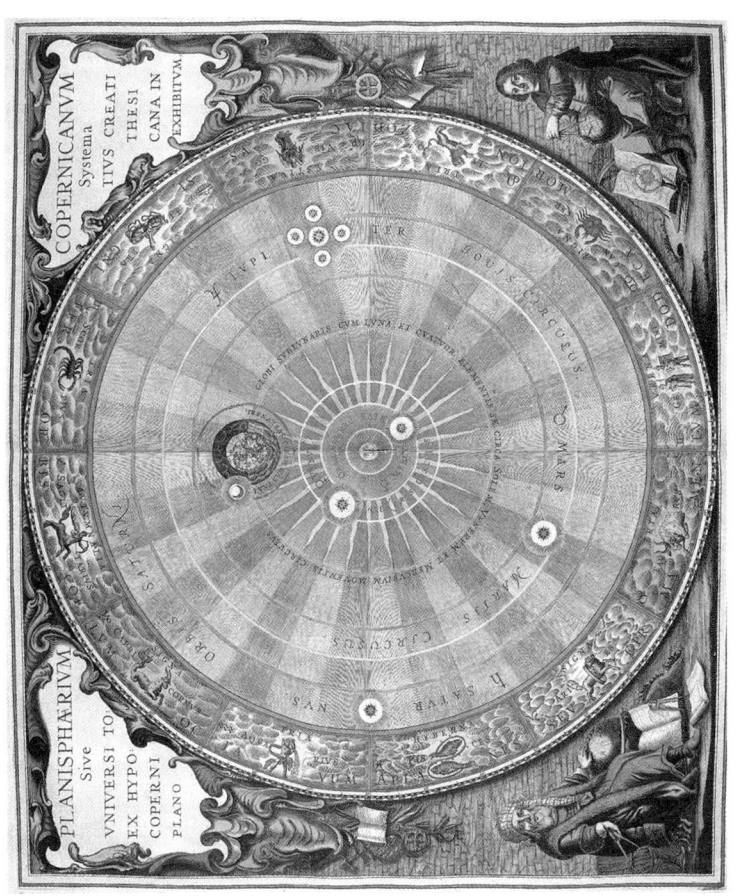

哥白尼的平面天球图

动较快，而逆行较慢，于是一年缩短的时间，正是基点移动延长的时间。实际上，随着这些点的反向速度的增加，周年运动的终点就会早一些来到。所以，如果能确定周年运动对于恒星的平均值，就能得到比较准确的结果。我们这样做了，对于室女座角宿一我们求得，一年永远等于365天加 $6\frac{1}{6}$ 小时左右，这与古代埃及的测定结果一致。在确定天体的其他运动时，也应当采用这种方法。它们的拱点，根据天穹确定的运动规律，甚至天空本身都证实了这一点。

论　月　亮

月亮除了上述周年运转外，就我们看起来还有四种运动。实际上，它在载运它的轨道上，按黄道十二宫顺序方向，绕着地球中心作周月转动。这个轨道带有本轮——这称为第一不均匀本轮或幅度本轮（我们称之为第一本轮或大本轮），还有与之相连的第二周年本轮。在其自身圆周上部与均轮运动相反的方向上运动时，第一本轮在略少于一个月的时间内转动若干次。月亮在上述的第二本轮上，每月旋转两周，其方向与第一本轮运动的方向相反，因此当较大本轮的中心位于从大圆中心穿过地球中心的直线（我们称它为大圆的直径）上时，这时月亮离较大本轮的中心最近，这个现象发生在新月和满月附近。相反，在它们中间的两个方照时，它将离上述中心较远。较大本轮半径的长度，是载运它的均轮半径的十分之一再加这一份的十八分之一,而它又是较小本轮的 $4\frac{3}{4}$ 倍。

作这样运动的月亮比下坠或升起时看起来有时快一些,有时慢一些。第二本轮的运动给这种第一不均匀现象增加了双重变化。实际上,它使月亮脱离了较大本轮圆周上的均匀运动;在相应长度或直径的圆周上,这种不均匀性最大可达 $12\frac{1}{4}$ 度;此外,它有时接近较大本轮,有时又离开它较远,距离等于较小本轮半径的长度。正是由于这种原因,月亮在较大本轮中心的周围走出大小不等的圆周,于是第一种不均匀性就会有多种不同的变化。由此得出,在与太阳相合和相冲时,这种不均匀性的最大值不超过 4 度 56 分,而在两个方照则可达到 6 度 36 分。谁要是认为这一切可以通过偏心圆得到,那么他就会犯两个明显的错误。至于按自身圆周运动的不均匀性的不合理,就更不必说了。

实际上,由数学计算得出,在两个方照,当月亮位于自己本轮的下面一部分时,它看上去应当比新月和满月(如果整个月亮都明亮的话)时差不多大三倍;在相反的情况下,就会轻率地认为月亮增大或者缩小了。正因为如此,由于地球的大小与它到月亮的距离比起来是足够大的,于是,在两个方照视差位移应该增大很多。但是谁如果更仔细地研究这个问题,谁就会明白,这两个数量在两个方照与在满月或在新月时几乎是一样的。因此未必能够怀疑我们上述推论是比较正确的。

月亮作圆周运动时的这三种经度运动是和纬度移动有关的。两个本轮的轴平行于均轮的轴。由于这个原因，月亮对它的轨道面就不会有任何偏离。然而上述均轮的轴偏离大圆的轴，或黄道的轴，因此月亮就将离开黄道面。这个轴偏离的数量相当于圆周上 5 度的角。均轮的两极以与本轮轴相等的距离作圆周运动，这与前面谈到的赤纬运动的情况大致相同。然而在这种情况下，运动与黄道十二宫的顺序相反并且慢得多，因此运转一周需要十几年。很多人认为，这一运动是由较高层的天球产生的，并且两极似乎是粘在这个天球上运动的。看来，这就是月亮运动所具有的机理。

论三颗外行星——土星、木星和火星

土星、木星和火星的运动形式是相似的，因为它们的轨道都在上述周年大圆之内，并按十二宫顺序方向，围绕着它们这个共同的大圆的中心旋转。但是土星在轨道上运转一周需 30 年，木星为 12 年，而火星为 29 个月，因此轨道的增大好像在降低它们运动的速度。如果将大圆半径分为 25 等分，那么火星轨道的半径即为这种等分的 38 份，木星为 $130\frac{1}{5}$ 份，土星为 $230\frac{1}{6}$ 份。从轨道中心到第一本轮中心的距离，我称之为半径。

每一颗行星有两个本轮，其中一个带动另一个，这和上面对月亮所谈情况是一样的，只是运动的规律不同。第一本轮运动的方向与均轮相反，旋转的周数与它相等；而另一个本轮使天体运转，其方向与第一个相反，并且旋转周数为它的两倍。因此，当它离均轮中心的距离最远时，或者相反，即离它最近时，行星比较接近第一本轮的中心；而当第二本轮处在两个中介点，即在两个方照时，行星离上述中心最远。所以，在这种均轮与本轮运动相结合并且它们的周数相等的情况下，就会有这种现象，即行星这种离开和接近的位置永远和它们在天空的一定的点相符。然后它们处处按照固定的规律运动，并且它们的拱点是不变的，亦即土星位于人马座肘部的恒星附近，木星在称为狮子座尾端的那颗恒星后面 8 度处，而火星在狮子座心脏前面 6 度半的地方。

本轮大小是这样的。如果取大圆的半径为 25 等分，则土星第一本轮的半径等于这种等分的 $19\frac{41}{60}$ 份，而第二本轮的半径为 $6\frac{34}{60}$ 份；同样，木星的第一本轮的半径等于 $10\frac{6}{60}$ 份，而第二本轮的半径为 $3\frac{22}{60}$ 份；火星的第一本轮半径等于 $5\frac{34}{60}$ 份，第二本轮的半径为 $1\frac{51}{60}$ 份。因此，第一本轮半径在任何情况下都比第二本轮半径大两倍。

我们决定将本轮运动加上均轮运动的不均匀性称为第一不均匀性。如上所述，它在天穹的任何地方都明确保持固定的极限。除此以外，还有一个不均匀性，它表现为天体有时会逆行，有时看来甚至是停止不动的。这种不均匀性不是由天体的运动引起的，而是由于地球在大圆上相对位置的变化所引起的。实际上，地球的速度超过行星，于是赶上它的运动，这是因为指向天穹的视线好像是正对着天体移动的。当地球离天体最近（也就是说，天体在傍晚升起时，地球位于太阳和天体之间）的时候，这种效应就最大。与此相反，在夕落和晨升的时间附近，地球是迎面运动，视线的运动就更快。在视线有运动的那些地方，由于运动速度相同，我们看上去天体是不动的，因为相反的运动会互相抵消。这种情况通常发生在太阳和行星之间的距离为正三角形的一个边时。

天体运动的轨道越低，这些行星的这种不均匀性也就越明显。因此土星的这种现象比木星的小。而与此相反，按大圆半径和它们轨道半径之比，火星的这种现象最大。当视线与大圆的圆周相切并看到天体时，天体的这种不均匀性最大。上述三个天体就是这样围绕着我们运动的。

它们还产生双重的纬度偏离。因为本轮的圆周始终与它们的均轮在同一平面上，所以它们与黄道的偏离是由它们的轴与黄道轴的倾角决定。只是这些轴不像月亮那样描出完整的圆圈，而是始终固定地指向天空的同样区域。因此，均轮和本轮两个圆的交会处（它们称为交点）在天空的位置是不变的。例如，土星的交点在双子座头部东方恒星后面 8 度半的地方，土星在这里开始向北升起；木星——在同一颗恒星前面 4 度处；而火星——在超过昴星团 6 度半处。当行星位于这些交点，以及正相反的点时，它就根本没有纬度。它在方照的最大纬度，对于上述交点来说是大不相同的。实际上，当地球最靠近行星时，也就是在天体夕升时，轴和圆的倾角好像挂在上述交点上，并将增大成极大值。在这些位置上，土星轴的倾角等于 $2\frac{2}{3}$ 度，木星为 $1\frac{2}{3}$ 度，火星为 $1\frac{5}{6}$ 度。相反，在夕落和晨升前后，地球距离最远，土星和木星的这种倾角就减小 $\frac{1}{5}$ 度，而火星——$1\frac{2}{3}$ 度。在纬度最大时，这种不均匀性最明显。对于每一颗行星，它越靠近交点，这种不均匀性就越小，并与纬度同时增大和减小。

视纬度还由于地球沿大圆的运动而变化，因为视纬度的交点会增大或相应减小临近或离开的距离，这是数学理论所要求的。这种天平动出现在直线上。但是，可以使这种运动由两个圆合成。由于这两个圆是同心圆，它们中的一个能推动另一个绕着偏离的极点运动，并且下面的圆以两倍的速度向与上面的圆相反的一边运动，同时还转动形成本轮的圆的两极。这两个极离开直接在上面的圆的两极的距离，与后者离最上面的圆的两极的距离一样。

关于土星、木星和火星以及绕地球的天球，谈这些已足够了。

论 金 星

我们还要研究大圆内所包含的行星（也就是金星和水星）的运动。金星的圆的体系很像外行星的圆的体系，只是它运动的次序不同。它的大本轮的轨道作同样的旋转，每转一周要 9 个月，这在上面已经讲过了。在这个合成的运动中，小本轮返回原来的位置，始终保持相对于天穹的一定的位置。在这种情况下，上拱点所在的点便是我们说过的太阳改变其视运动的那个点。较小本轮的运动与第一本轮的两个圆不同，它保持这种对大圆运动的不均匀性。实际上，在大圆运动一周的时间内，它运动两周。也就是说，当地球达到通过拱点的直径时，天体离大本轮的中心最近；而在两个方照在地球的横向位置上，它就离得最远。这大致就像月亮的较小本轮对于太阳的那种运动。大圆半径与金星的均轮之比等于25比18。取较大本轮为一份的四分之三，则小本轮为四分之一。

有时金星看上去还有逆行，这主要在它最接近地球的时候。这与外行星大致相似，只是情况相反。对外行星来说，这出现在地球运动占优势的时候；而在这种情况下，地球运动被超过。在前一种情况下，地球轨道被包含在外行星轨道之内；而在这里地球轨道包含了金星轨道。因此金星任何时候不会与太阳相冲，因为地球不可能出现在它们之间。但是在离太阳的

在哥白尼体系下解释金星的视运动特别是金星的大距就非常自然了，这是托勒密体系所做不到的。

两个一定的距离上,即相当于由地球中心所作的直线与轨道圆周的两个切点的距离处,金星改变运动方向。它与我们的视线的夹角,绝不会超过 48 度。金星的经度旋转运动的要点就是这些。

纬度的改变也是由两个原因产生的。金星的轨道轴倾斜 2.5 度,而它的交点(由此开始向北运动)在自己的拱点上。但是由这种倾斜所产生的移动,就我们看来有两种,虽然实质上只有一种。当地球进入金星的某一个交点而出现的向上和向下的横向移动,叫作反射移动。而当地球在离交点的距离为圆周的四分之一时,则轨道的自然倾角成为视倾角,它们称为赤纬。在其他任何位置上,两种纬度结合在一起,它们当中一个超过另一个。这时由于一致或不一致,它们有时相加,有时相减。

轴的倾角情况如下。轴线在摆动,但不像外行星那样靠近交点线,而是靠近另外一些可移动的点摆动。这些点绕行星旋转一周的时间为一年。当地球位于金星拱点对面时,摆动的偏离最大,不论行星本身在自己轨道的哪一段都是如此。因此,当行星位于拱点或与它正相对的点时,虽然这时它是在交点上,也不会完全没有纬度。

当地球离开这个位置不到圆周的四分之一时,从这里开始偏离将减小。由于两种运动相同,最大偏差点离行星的距离正好使这一偏差一点儿也不存在了。然后偏差的摆动继续下去,起点由北向南移,但是由于它离行星的距离与地球离开拱点的距离相同,行星移动到轨道上原来是南边的那一段,即现在,按照对立性规律，成为北边的那一段。这样一直到它在旋转一周的时间内不再到达摆动的最高点时为止，而在该点偏差再次成为极大并同时等于最初的值。这以后它按同样方式进行其余半圈的运动。因此，行星的这一纬度永远不会成为南边的；它的这种变化通常叫作偏差。用轴线斜交的两个同心圆可以作出这种运动，并且我们谈到过的有关外行星的运动，也与这种情况相符。

论 水 星

水星的运动在天上是最奇妙的。它运行的路线勉强能观测到，因此监测它很不容易。除此以外，发生困难的原因还由于它大部分时间是在太阳光照射下看不见的情况下运动，而能对它进行观测的时间只有几天。然而，只要稍微用一点技巧，它毕竟还是可以捕捉到的。

它和金星一样，也有两个相应的绕着它的均轮运动的本轮。较大的本轮，也和金星的一样，与均轮旋转的时间相同。它的拱点在室女座角宿一的后面 14.5 度的地方。而较小本轮则向相反的方向旋转两周，转动次数多一倍。因此，不论地球在什么位置上，无论是在本轮的拱点或者是在正相对的点，行星都离大本轮的中心最远；而在圆周的四分之一距离上则离大本轮中心最近。

我们说过，水星的均轮返回初始位置需要三个月，应当说是 88 天。我们取大圆的半径为 25 份，则均轮的半径为 $9\frac{2}{5}$ 份。第

一本轮为这样的 $1\frac{41}{60}$ 份，而第二本轮要小三分之二，也就是说大约为 $\frac{34}{60}$ 份。但是在这种情况下，圆的系统不像对别的行星那样是足够的。实际上，当地球通过拱点的上述位置时，看上去水星移动的距离比上述两圆之间的对比关系所要求的小得多；与此相反，在拱点之间的象限内则大得多。但是既然由于这种原因对纬度没有发现任何不均匀性，那么可以假设，这是由于行星在某种程度上靠近或离开均轮中心而产生的。这也可以用两个其轴线平行于均轮轴的小圆作出来。但应假定大本轮或整个本轮系统的中心位于离它直接包含的小圆的中心的某种距离上，而这个距离等于小圆中心与外圆中心的距离。已经得出这个距离等于我们用来测量所有圆球结构的上述那 25 份中一份的 $\frac{14.5}{60}$。还求出，外圆在一个回归年的时间内旋转两周，而内圆以两倍的速度向相反的方向运动，在这段时间内旋转四周。由于上述运动的叠加，较大本轮的中心沿直线运动，完全像我们前面说的纬度的摆动那样。

利用地球对于拱点的上述位置中的这种结构，大本轮中心离均轮中心最近，而在四分之一圆周的距离上则最远。在中间位置上，即在离上述位置 45 度处，大本轮中心与外圆中心吻合，于是两个圆周成为一个。这种接近或离开的数量，已经求得为上述那种单位的 $\frac{29}{60}$。水星的经度运动就是这样。

1 关于天体运动假说的要释

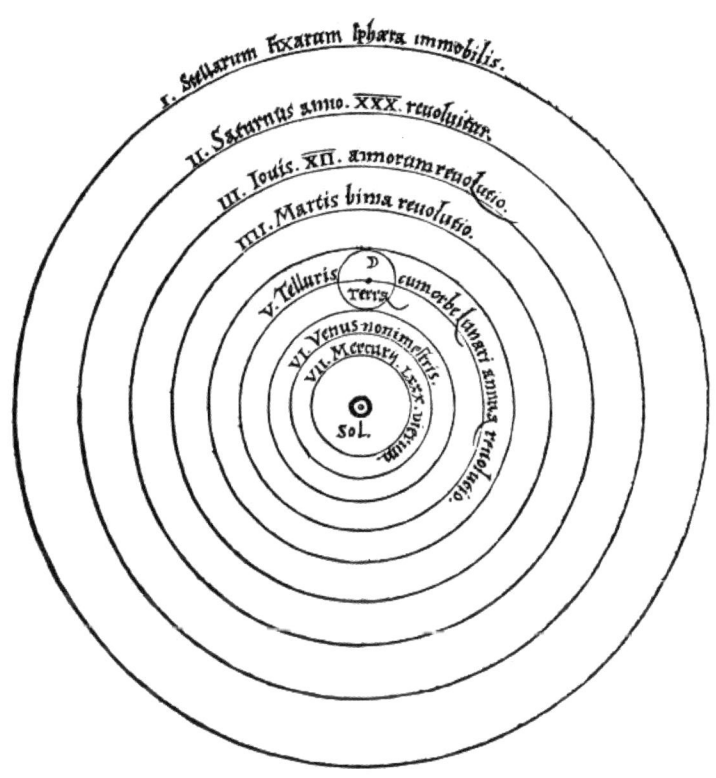

《天体运行论》中哥白尼的宇宙观

至于水星的纬度运动，则与金星完全相同，只是情况相反。正是金星在北时，水星却在南。它的均轮偏离黄道的角度为 7 度。它的偏差始终在南边，从不超过四分之三度。但是，关于金星纬度所讲的一切在这里都适用，就不必重复了。

> 哥白尼体系用到了34个圆圈，比托勒密体系所用的圆圈少了约一半，但是具体推算起来，还是需要数学基础和耐心的。

所以，水星靠7个圆周运动，金星为5个，地球为3个，而在它周围的月亮为4个；最后，火星、木星、土星各为5个圆。因此，宇宙共有34个圆，用这些圆就足以解释整个宇宙的结构和行星的一切运动了。

选自《天文学名著选译》，宣焕灿选编，知识出版社，1989年。黄一勤译。

《对话》第二天（节选）

伽利略

| 导读 |

伽利略（Galileo Galilei，1564—1642）于1564年2月15日出生于比萨，三天后伟大的文艺复兴艺术家米开朗琪罗去世。历史学家把这一生一死说成是从研究艺术向钻研科学过渡的标志。伽利略的父亲是一位数学家，一个没落的贵族。他希望伽利略去学医，因为一个医生挣的工资是一个数学家的30倍。但伽利略显然并不认为学医有多大意思，他的头脑里思考着的是另一些问题。

伽利略循着阿基米德的足迹，进行观察、实验，把具体的事物化为抽象的数学关系，从中推导出对事物的简单、概括的数学描述。伽利略对物理现象的独立研究，使得他相信那些被奉为权威的亚里士多德物理学内容中有许多严重的错误。1632年，伽利略把他的研究成果发表在

《关于托勒密和哥白尼两大世界体系的对话》（以下简称《对话》）一书中。该书采用对话体的形式，对话的双方有三个人，萨尔维阿蒂和沙格列陀是伽利略的朋友和拥护者，辛普利邱是公元6世纪时亚里士多德著作的注释者，在书中扮演了传统和权威的捍卫者。三个人在四天时间里作了四次内容广泛的谈话。第一天论证了地球和行星一样，是一个运动的天体；第二天讨论了周日运动；第三天讨论了周年运动；第四天讨论了潮汐问题。

伽利略的《对话》是近代天文学史上的三部最伟大的杰作之一（另两部是哥白尼的《天体运行论》和牛顿的《自然哲学的数学原理》）。在伽利略发表《对话》之前，他因信仰哥白尼学说而受到教会警告，"日心说"已经被宣布为"歪理邪说"。这时《对话》的出版轰动了整个学术界。当时罗马教皇对外战争不利，丧失了对欧洲许多地区的控制。在意大利，他不允许再有人动摇教会的权威。虽然教皇"微"时是伽利略的好朋友，但也不得不对伽利略采取措施了。于是《对话》被查禁，伽利略被传召到罗马宗教法庭受审。在威严的法庭上，伽利略宣布放弃信仰，宗教法庭感到满意而判处伽利略监禁，并命令他三年里每星期都要背诵《诗篇》中的七首忏悔诗。《对话》直到1835年才从天主教的禁书录中去掉。1965年，教皇保罗六世出访比萨时赞扬了伽利略。

在《对话》中，伽利略用通俗的语言描述了运动的相对性、落体定律、钟摆和抛射体的运动、潮汐的起因，等等，尤其确立了定量实验与数学论证相结合的科学研究规范。本书选取其中第二天

1 《对话》第二天(节选)

对话中的一个片断,讨论落体运动的规律。

伽利略在实验中观察到,当石头被放开后,它在空中下落的速度越来越快。伽利略想知道这种越来越快的下落运动符合什么样的数学定律。由于自由落体运动得太快,伽利略想出了"稀释重力"的办法。他用球在斜面上滚动,斜面越陡,球滚动得越快。在垂直面的极限情况下,球沿这个面自由落下。在这个实验中,伽利略面临的主要困难是测量小球走过不同距离所需要的时间。当时钟表还没有发明,伽利略想出来的解决办法是用"水钟",通过一个大容器里流出的水量来测量时间。

根据观察到的运动距离与时间的依赖关系,伽利略得出结论说,这一运动的速度一定是与时间成简单的正比关系,即

$$速度 = 加速度 \times 时间$$

伽利略还证明了,在从静止开始的匀加速运动中,运动物体走过的距离是它在整个时间内以不变的速度运动时所应走过距离的一半。因此

$$距离 = \frac{1}{2} \times 速度 \times 时间 = \frac{1}{2} \times 加速度 \times 时间^2$$

这是人类首次用数学公式来严格表述物理规律,伽利略因此被尊为近代物理学乃至近代科学的鼻祖。选文中辛普利邱所作出的辩解——"在物理学上,是难得找到像数学那样准确的证据的"——是非常苍白无力的。沿着伽利略开创的用数学公式表达物理规律的方法,人类已经登上了月球,也大致能预报明天的天气了。

> 两个现代作者对哥白尼学说进一步提出反对。

> 伽利略本人关于物体下落实验写下的记述：
> 亚里士多德认为，一个100磅的球从100腕尺的高处下落，它将比一个已经下落1腕尺的1磅物体先落到地面上。而我认为它们将同时落地。通过实验我发现，较重的球比较轻的球以2英寸的微弱优势先着地。然而，就是这2英寸击败了亚里士多德的99腕尺。我的实验存在着微小的误差，但这对他的巨大错误而言是微不足道的。

辛：到现在为止，那些反对地球周日运动的理由的解答（即重物体从塔顶坠落，物体垂直地向上抛射或者向东西南北方面斜射出去等实验），使我对古代攻击这种地动说的信心多少有些削弱了。但是现在我的脑子又在盘算着另外一些更大的困难，而这些肯定说将是我永远无法摆脱的。我敢说你自己也未见得能解决，可能你听都没有听见过，因为这些都是新近提出来的。这些反对理由是由两位公开反对哥白尼的作者提出来的。第一条反对意见可以在一本科学论文的小册子中读到，而另外一些反对意见则见之于一位伟大的哲学家兼数学家写的一部拥护亚里士多德关于天不变的著作中。在这部著作里，他证明不但那些彗星，而且那两颗新星（即1572年在仙后座和1604年在人马座出现的）根本都不是在行星层外面，而是确确实实在月球层下面亦即属于原素世界范围。他而且是针对着第谷、开普勒和其他许多天文观测者提出反证的，以他们的矛攻他们自己的盾；也就是说，根据视差来

1

《对话》第二天（节选）

反驳他们。你如果不嫌的话，我可以从两位作者的书里把他们的论据提出来，因为两本书我都用心读过，而且读了不止一遍，所以你可以考察一下这些论据的力量并谈谈你自己的看法。

萨：我们的主要目的就是提出并考虑关于托勒密体系和哥白尼体系的一切赞成的和反对的理由，所以任何关于这方面的论述都不容忽视。

辛：那么我就从那本科学论文小册子里面提出的那些反对理由开始，然后再谈其他反对理由。首先，那位作者很聪明地计算了地球赤道表面上一点每小时走多少英里，和在别的纬度上的一点每小时走多少英里。他不仅没有以考察每小时的运动速度为满足，还计算了每分钟的速度，然而仍旧不满足，还计算了每一秒钟的速度。此外，他接着又准确地表明，放在月球层上的一颗炮弹，在这个时间内将走多少英里，假定月球层就像哥白尼计算的那么大，从而使他的论敌无法找任何借口。在作了这些极其精辟和漂亮的计算之后，

伽利略《对话》书影

那位现代作者在小册子中所提出的第一项反对理由。

到伽利略的《对话》出版时，离开亚里士多德将近两千年了，但是"一切重的东西都是趋向地球中心的"这样典型的亚里士多德式定律，在当时大部分学者眼里还是金科玉律。辛普利邱在书中是亚里士多德正统学说的代言人，自然更是如此。

81

作者指出一个重物体从月球层上落下来需要六天以上的时间才能到达地球中心，而一切重的东西天然地都是趋向地球中心的。

现在，如果靠神的法力，或者什么天使的手法，把一颗很大的炮弹像奇迹一样地搬到月球层上，而且笔直地放在我们头顶上，然后让它落下来，要说炮弹的降落会永远保持在我们的垂直线上，继续跟着地球环绕地球中心转上这么多天，在赤道的圆圈平面上画一条螺旋形的线，并在一切其他纬度上环绕圆锥画出许多螺旋线，而在南北极沿一根简单的直线落下，在他和我看来这简直是使人无法相信的事。

他接着又通过他的质问方式，提出许多使哥白尼的信徒无法解决的困难，来确定并证实上述情形是不可能出现的；如果我的记忆没有错的话，那些困难是……

萨：请你等一下，辛普利邱。你总不愿意一下子提出这么多的新论点来把我搞糊涂；我的记性很差，只能一步一步地来。由于我记得过去曾经计算过，这样一个重

> 根据这位现代作者的意见，一颗炮弹要从月球层落到地球中心，需要六天以上。

的东西从月球层上落下来需要多长时间才能达到地球中心,而且根据我的记忆好像不需要这么长,你最好解释一下这位作者是运用什么方法来计算的。

辛:为了更有力地证明他的论点,他把情形讲得对于对方非常有利,假定物体沿垂直线落到地球中心的速度等于物体环绕月球层的大圆周的运行速度,即等于每小时12 600德里[①]——这种情形其实看上去是不可能的。虽说如此,但是为了特别小心,并给予对方一切有利条件起见,他假定这种情形属实,而且总结说不管是什么情形,降落时间将要在六天以上。

萨:难道他的方法就是这么多吗?他这样假定可曾证明降落时间一定要在六天以上呢?

沙:我觉得他的做法未免过分小心谨慎了,因为他可以任意给予这种落体以任何速度,所以他可以使物体以六个月的时间或者六年的时间到达地球,然而他仅仅

> 伽利略关于相对性原理的描述:所有稳定的运动都是相对的,如果不选取外部参考点的话,就无法探知这种运动。

[①] 一德里是赤道的1/5 400。在伽利略时代,这是一种计算方法。

规定六天时间就满足了。可是，萨尔维阿蒂，既然你说你曾经计算过，那就请你谈谈你是用什么方法计算的，让我平平气吧，因为我有把握说，如果这个问题不需要人们进行卓越的研究的话，你是不会把精力花在上面的。

萨：沙格列陀，单单要求一个结论高明和伟大是不够的，要紧的是把结论处理得很高明。谁不知道在解剖一个动物的某些器官时，人们会发现无数含有深意和最聪明的奇迹？然而在解剖学家解剖了一只动物的同时，屠夫却要宰割一千只。现在为了满足你的要求，我不知道究竟穿哪一件服装上台，是穿解剖学家的服装呢，还是穿屠夫的服装；不过看见辛普利邱的这位作者的派头，我的勇气不禁鼓起来了，所以我将对你毫不隐瞒——如果我能记得的话——我是采用什么方法计算的。

但是在开始叙述我的方法之前，我忍不住要说，我非常怀疑辛普利邱是否忠实地描述了这位作者用来找出炮弹需要六天以上时间从月球层落到地球中心的方法。因为如果他假定炮弹降落的速度等于炮弹沿月球层运行的速度——而辛普利邱说他正是这样假定的——他就是连几何学最起码、最简单的知识都不懂了。使我觉得奇怪的是，辛普利邱本人在承认他告诉我们的这一假定时，并没有看出它的内容是多么荒唐。

辛：我在叙述时可能搞错了，但是我没有看出它的谬误所在是肯定的。

萨：也许我没有完全理解你叙述的那些内容。你是不是说过，这位作者把炮弹降落的速度说成和炮弹沿月球层运行的速度相等,而且以这种速度降落时将以六天到达地球中心?

辛:好像他就是这样写的。

萨:然而你对这样荒唐的错误还看不出来吗?不过当然你是假装看不出,因为你不可能不知道圆周的半径比圆周的六分之一还小,因此运动体通过半径的时间,将比运动体以同样速度环绕圆周所需时间的六分之一还少。所以炮弹以它沿曲线运行的速度降落,将在四小时不到的时间内到达地球中心;这就是说,假定炮弹沿圆周运动一周的时间是 24 小时,为使炮弹始终保持在同一条垂直线上,也非要这样假定不可。

辛:现在我完全懂得错误在哪里了,不过我不愿意把错误随随便便推在他身上。一定是我在叙述他的论据时弄错了,因此为了避免对其他错误承担责任,我想还是把他的书找出来吧。有哪一位肯去把这本书取来,我将感谢不尽。

沙:我可以派一个佣人赶快去取来,

> 根据炮弹从月球层降落的论据含有极其荒谬的错误。

位于意大利乌菲齐美术馆的伽利略雕像

1

《对话》第二天(节选)

而且根本不需要把时间等掉；在取书的时候，萨尔维阿蒂将会慨然把他的计算告诉我们。

辛：让佣人去取罢，书就摊在我的书桌上，还有另外那本反对哥白尼的书也放在书桌上。

沙：叫他把那一本也给我们带来，免得搞错。

现在萨尔维阿蒂可以讲讲他的计算方法；我已经打发一个佣人去了。

萨：首先我们必须想一想，落体的运动并不是均匀的，而是从静止开始不断地在加速。这是所有的人都知道而且观察到的事实，只有刚才提到的那位现代作者一点不提到加速运动，而把运动说成均匀的。但是除非我们知道落体运动以什么比例加速，这种众所周知的知识是没有价值的，而这种加速的比例直到我们的时代为止，是所有哲学家都不知道的。我们的院士朋友第一个发现了这个比例；他在自己

> 炮弹从月球层落到地球中心的精确计算。

> 伽利略在这里借萨尔维阿蒂这个角色，叙述了非常重要的全新的落体运动规律。

> 重物体的天然运动的加速度以从一开始的奇数为比例。

的一些未发表的论文里[1]很有把握地指给我和他的另外几个朋友看,证明了下列的情况。

重物体直线运动的加速度是按照从一开始的奇数进行的。就是说,随便你怎样把时间分为若干相等的段落,那么在第一段时间内物体从静止到运动经过一厄尔[2]长的距离,在第二段时间内它将通过三厄尔的距离,在第三段时间内通过五厄尔的距离,在第四段时间内通过七厄尔的距离,并且根据奇数的顺序继续这样加速下去。总之,这等于说,物体从静止开始所经过的距离,同经过这段距离所需要的时间的平方成比例。也可以说,经过的距离与时间的平方成比例。

沙:你讲的这件事听来真是了不起。这个论断有没有数学证明呢[3]?

> 那位成员关于局部运动建立的一门新科学。
>
> 伽利略说"一门新科学"建立起来了,说得一点也不夸张。他确实以落体运动为突破口,建立起了一门新的物理学。整个近代科学的大厦因此而得以奠定基础。

萨:多数都纯粹是数学证明,而且不仅证明了这一点,还证明了属于天然运动

---

[1] 见伽利略著:《关于两门新科学的对话》。
[2] 古尺名,等于45英寸。
[3] 重物体降落的距离等于时间的平方。

1 《对话》第二天（节选）

和抛物体的许多其他美妙属性，所有这一切都是我们的院士朋友发现和证明了的。这一切我都看到了并且研究了，感到极端喜悦和惊奇，因为我看到在这个问题上过去人们曾经写过千百本书讨论它，可是现在一门新科学在这个问题上建立起来了；而这门新科学里的无数令人钦佩的结论，其中没有一个曾经为我们院士朋友以前的人观察到过和理解过。

沙：单是为了听听你提示到的那些证明，我本来想继续刚才开始的讨论的念头，现在都被你打消了。所以请你立刻把那些证明告诉我吧，否则至少请你答应我，另外安排一个时间专门来讲这些证明，辛普利邱假如愿意知道自然界最基本的作用的性质和属性，也可以参加。

辛：我确实愿意；不过关于物理学究竟应当包括哪些内容，我认为没有必要把什么细枝末节都研究到。只要有一个关于运动的定义，以及天然运动和强迫运动的区别，均速运动和加速运动等，也就够了。因为如果这些还不够的话，我敢说亚里士多德决不会忘记把这些缺漏的地方补全，并教给我们。

萨：可能如此。但是别让我们在这上面多费口舌了，因为我答应你们用半天的时间单独谈这些证明，使你们能够满意。现在回到我们原先开始的论题，即计算一个重物体从月球层一直落到地球中心的时间，而且为了避免信口雌黄，而采用一种严格的计算方式。让我们首先设法弄清楚，比如说，一只铁球从一百码的高度落到地面上来所需要的时间，这已经由实验多次证明过了。

沙：而且为了解决目前的问题起见，让我们把铁球的具体重量和计算铁球从月球上落下来的时间时的重量定为一样。

萨：这根本没有关系，因为一磅重的铁球，和十磅重的或者一百磅重的或者一千磅重的铁球，都以同一时间从一百码的高度落到地面。

辛：啊，这我可不信，而且亚里士多德也不相信；因为他在书里说过，落体的速度是和它们的重量成比例的。

萨：辛普利邱，既然你要承认这一点，那你也就必须相信以同样材料制成的一个一百磅重的球和一个一磅重的球，同时从一百码高度落下来时，大球落地，小球只落下一码远。现在请你，如果你能够的话，在脑子里试想象一下当大球落地时，小球离塔顶还不到一码的情形。

沙：我丝毫不怀疑这条定理是完全错误的，但是我也不完全信服你的话就完全对；不过我还是相信你，因为你的语气是这样肯定，而如果你没有具体的实验或者严格的证据作为依据的话，我敢说你是不

亚里士多德说重的落体的速度和它们的重量成比例，这是错误的。

《对话》第二天（节选）

会这样说的。

萨：两种根据我都有；在我们分别谈到运动问题的时候，我将把这些根据告诉你们。目前，为了不使我们的讨论重新打断起见，让我们假定，一只重一百磅的铁球从一百码高度落下来的时间，经反复实验后算出来是五秒[①]。既然如我以前告诉你们的，落体落下的距离是依照降落时间的平方增加的，而一分钟是五秒的 12 倍，如果我们以 12 的平方，即 144 乘一百码，我们将得到 14 400 码，这就是运动体在一分钟内落下的距离。根据同一法则，由于一小时是 60 分钟，我们以 60 的平方乘 14 400 码（即落体在一分钟内降落的距离），那么落体在一小时内降落的距离将是 51 840 000 码，亦即 17 280 英里。如果我们想知道落体在四小时内落下多少距离，可以用 16，即 4 的平方，乘 17 280 英里，而得到 276 480 英里，这要比从月球到地球中心的距离大得多。后者只有 196 000 英里，即把月球层到地球中心的距离作为地球半径的 56 倍（如这位现代作者计算的那样），因为地球的半径是 3 500 英里，每英里是 3 000 码，这里的英里都是按照我们意大利英里计算的。

所以，辛普利邱，你看，你那位计算者说，从月球层到地球中心，六天都到不了，但是，当我们根据实验而不是根据约略估计来计算时，那就连四小时都要不了。把计算说得准确些，它将是三小时二十二分零四秒。

[①] 按五秒计算，引力加速度将不是 980 厘米/秒^2，而是 467 厘米/秒^2。这种误差的原因在于，当时的实验条件很难排除大气阻力的影响。

沙：我亲爱的朋友，请你不要拿这种准确的计算来愚弄我，因为这件事做起来一定要非常精细才行。

萨：确是非常精细的。所以，如我刚才说过的，经过慎重的实验观测到这样的一个运动体从一百码高度落下来是五秒之后，让我们看看，如果降落一百码要五秒，那么588 000 000码（因为这就是地球半径的56倍）将需要多少秒？这里的计算程序是以第二个数的平方乘第三个数；得到的结果是14 700 000 000，然后再以第一个数除它，即以100除它，而所得的商的平方根，12 124就是所求的数。这就是12 124秒，亦即三小时二十二分四秒。

沙：现在我看见这里的计算程序了，但是我一点不懂得这样做的理由是什么，而且目前好像也不是问这些理由的时候。

萨：老实说，就是你不问起，我也想要告诉你，因为讲起来并不难。让我们把第一个数称作 A，第二个数称作 B，第三个数称作 C；A 和 C 是距离的数，B 是时间数；第四个数是我们所要求的，也是时间的数。

```
         100    5     588 000 000
                A   B       C        25
                    1    14 700 000 000
                   22          359 56
                  241           10
                2 422
               24 244
                    60 ) 12 124
                          2 0 2
                            3
```

《对话》第二天（节选）

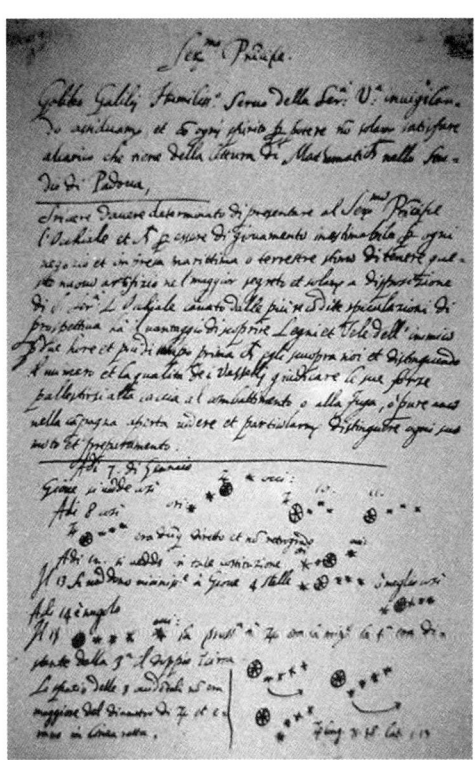

伽利略记录木星卫星的原始稿件

我们知道，不管距离 A 和距离 C 的比例如何，时间 B 的平方和我们所求的时间的平方一定也是同样的比例。因此根据第三条法则，以 B 数的平方乘 C 数，再把乘积除以 A 数，所得的商就是所求数的平方，它的平方根就是我们求的数。所以你看，道理是很容易理解的。

沙：所有的真理，一旦被人们发现之后，都是这样；困难就在于发现这些真理。我现在完全信服了，而且非常感谢你。如果在这个问题上还存在什么珍奇事情的话，我请你不吝赐教。因为我可以坦白地说，如果辛普利邱不见怪的话，我从你的讨论里总学到一些新的和美妙的东西，而从辛普利邱那样一些哲学家那里，我觉得从来就没有学到什么重要的东西。

萨：关于这些局部运动，还有许多话要说，不过根据我们的约定，我们将留待另一次机会单独讨论。目前我想针对辛普利邱抬出来的这位作者讲几句话；在这位作者看来，炮弹从月球层上降落时，同炮弹留在月球层上参与周日运动时一样，将以同样的速度运动，从而使他的那些反对地动说的人处于非常有利的地位。现在我要告诉这位作者，这颗炮弹从月球层落到地球中心时获得的速度要比它在月球层参与周日运动的速度快二倍以上，而且我将以完全正确的而不是任意的假设来证明这一点。

根据上面所说的，你们该懂得，落体

落体用以前获得的速度作均速运动，在同等时间经过的距离，将双倍于落体在加速运动中所经过的距离。

一直在以我们提到过的比例获得新速度,所以不论它落在哪一点上,它将具有这样一种速度,即如果它以这种速度继续均匀地运动,那么,在等于以前降落的第二段时间里将越过已经经过的双倍距离。因此,举例来说,如果炮弹从月球层落到地球中心花了三小时二十二分四秒,那么我说在它到达中心之后,它的速度将达到这样的程度,即如果以这种速度继续均匀地运动,并不加速的话,它将在三小时二十二分四秒的时间内越过双倍的距离;这将是月球层的整个直径。

由于从月球层到地球中心的距离是 196 000 英里,而炮弹经过这段距离需要三小时二十二分零四秒的时间,所以根据上面的叙述,如果炮弹继续以到达地球中心之后的速度运动,它就会在第二个三小时二十二分零四秒的时间内经过双倍的距离,即 392 000 英里。但是同一炮弹留在月球层上(这个圆周是 1 232 000 英里),并以周日运动的速度运转,将在三小时二十二分零四秒的时间内经过 172 880 英里的距离,即不到 392 000 英里的一半。所以你们看,在月球层上的运动速度并不是如这位现代作者所说的那样;也就是说,这种速度是炮弹无法比拟的。

沙:你在这段论证里讲到,落体经过了一段距离,再在同样的时间内继续以坠落时取得的最大速度均匀地运动,将会经过双倍的距离;这一点如果肯定得了的话,你这段论证就完全没有问题,而我也就满意了;因为这条定理曾经被你一度假定为正确的,但没有加以证明。

萨：这就是我们的院士朋友证明了的许多定理之一，到适当时候你将会看到这项证明。在目前，我打算提出一些揣测，目的并不是为了教给你什么新的东西，而是为了消除掉你头脑里的某种相反的信念，并使你看出实际上是怎样一种情况。你有没有看到过，从天花板上用一根又长又细的线吊着的铅球，在我们将它拉离垂直线并放开之后，将会自动地以差不多同等幅度越过那根垂直线呢？

沙：这个我的确看到过，我并且看出（特别是很重的铅球）它的上升幅度和它的下降幅度相差很少，以至于我有时候想到它的上升弧度可能等于它的下降弧度，并且盘算它本身会不会永远这样摆动下去。我而且相信，如果能把空气的阻力去掉，它就会永远这样摆动下去，因为空气抗拒被铅球分开，将会向后拉一点，从而阻碍摆的运动。不过阻碍的确是很小的，所以摆动要往返许多次，铅球才会完全停止，道理就在这里。

萨：沙格列陀，即使完全去掉空气的

悬挂着的重物体，如果去掉其阻碍，将会永远摆动下去。

阻力，铅球还是不会永远摆动下去的，因为这里还有一个更隐秘得多的阻力。

沙：那是什么阻力？我从没有想到还有什么别的阻力。

萨：这种阻力你如果知道，将会感到非常高兴，不过我以后再告诉你；目前，让我们继续谈下去。我提出关于摆的运动的观察，是为了使你了解摆在下降弧度中所获得的冲力（这时运动是天然的），将能靠冲力本身以一种强迫运动使同一个摆上升到同样弧度；所以靠冲力本身，是指去掉一切外来阻力而言。我而且相信，你会很容易看出，正如在下降的弧线中，摆的速度在到达垂直线最低点前不断增加一样，同样在上升的弧线中，它的速度将不断减少直到最高点为止。后一速度的减慢和前一速度的加快，在比例上是相等的，因此两个速度在和最低点距离相等的地点，其快慢程度也是一样的。根据这一点，我觉得（在一定限度以内）我们可以信得过，如果把地球穿个洞通过地球的中心，一颗炮弹从洞里落下去，将会在到达地球中心获得这样的冲力，使它越

如果把地球穿个洞，一个重物体将会越过地心，并上升到它降落时经过的同等距离。

| 1
| 2
| 3
| 4
| 5
| 6
| 7
| 8
| 9
| 10
| 10
| 9
| 8
| 7
| 6
| 5
| 4
| 3
| 2
| 1
| 0
| 1
| 2
| 3
| 4
| 5

过地球中心,并上升到它降落时经过的同等距离,它的速度在越过中心之后将会愈来愈慢,而减慢的程度和降落时加速的程度将是一样的;我而且相信,这种再度上升所花费的时间也将等于降落时所花费的时间。你看,如果速度不断减弱,直到完全消失,那么,炮弹在中心时将获得最高速度——从静止到最高速度——并使它在同样的时间里通过同样的距离,如果它一直以这种最高速度运动,将在同样的时间内通过双倍的距离,这看来肯定是合理的。因为如果我们在想象中把这里的速度分为若干加速度和减慢度——如左边一些数字所标出的那样——使第一个速度增加到十,而其余的又逐渐减到一;这样一来,如果把前者(下降的时间)和后者(上升的时间)加在一起,人们就可以看出它们的总和就好像是这两个部分的任何一个部分始终是以最高速度形成的。因此以各种不同速度,包括加速的和减慢的速度,所通过的总距离(而在这里就是整个的地球直径)一定等于最高速度在整个加速度和减慢度的半数时间内通过的距

离。我知道我把这里的道理讲得很不清楚,只希望你们能够懂得。

沙:我觉得我相当懂得你说的道理;的确,我可以用几句话来表明我懂得你的意思。你是说,从静止开始,然后以同等程度逐渐增加速度,即从一开始,或者毋宁说从零开始(零代表静止)的一连串整数,并把这些整数排成这样,任意连续地排列到多少,使最低的速度是零,而最高的速度,比如说,是五吧,那么所有这些使物体运动的速度加起来的总数就是十五。如果物体以这种最高速度按照这里的时数运动,那么所有这些速度的总和将是上述的二倍,即三十。因此,如果物体在同等时间内以这里的最高速度作均速运动的话,它将经过原来由静止开始到它加速到五的时间内经过距离的双倍。

萨:你根据自己的迅速而精细的体会,把整个问题表达得比我清楚得多,你而且使我想起补充另外一些事情。因为加速度的增加是连续不断的,我们没有法子把这种不断在增长的速度分为任何具体数字;

重物体天然坠落时的加速是时时刻刻地在增加着。

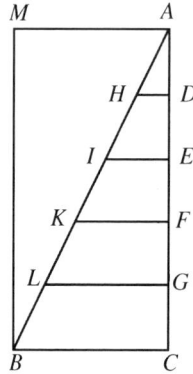

这种加速度时时刻刻在改变着,要分是永远分不完的。所以我们最好设想一个三角形做例子,来表达我们的意思,这个三角形就叫作 ABC 吧。把 AC 边分为若干相等部分 AD、DE、EF、FG,并从 D、E、F、G 点画四根和底边平行的直线;我要你想象那些沿 AC 的各个部分都代表时间。这样,那些通过 D、E、F、G 画的平行线就代表速度,在相等的时间内加速也是相等的。现在 A 代表静止状态,运动物体从 A 开始在 AD 时间内获得的速度为 DH,而在下一段时间内将会从 DH 的速度增加到 EI,而且在以后的时间内逐步按照 FK、GL 等线的加长而增加速度。但是由于加速是时刻连续地进行的,而不是不连续地从这一时刻到另一时刻进行的,而且 A 点是假定为最低速度(即静止状态和下一段时间 AD 的最初瞬间),我们可以看出,在运动物体于 AD 时间内获得 DH 速度之前,它已经经过无限更低、更低的速度。这些速度是在 AD 时间内无限瞬间中获得的,相当于 DA 线上的无数个点。所以为了表现到达 DH 速

1 《对话》第二天(节选)

度之前的无数较低的速度,我们必须懂得这里有无数愈来愈短的和 DH 平行的线,并且都是从 DA 的无数个点上画出的。这些线最后就表现为三角形 AHD 这个面。因此,我们可以懂得,运动物体从静止开始,并以均匀的加速度连续运动,不管它经过多少距离,必然要用到无数的速度,相当于无数条线,而这些线根据我们的理解是和 HD 平行的,如果你随意使运动继续下去,就和 IE、KF、LG、BC 平行。

现在让我们加上两笔,把这个三角形画成平方形 AMBC,而且不但把三角形上画出来的那些平行线延长到 BM,并把从 AC 边上所有的点画出来的无数平行线都延长到 BM。那么正如 BC 是三角形中无数平行线最长的一根,代表运动体在加速过程中所获得的最大速度,而三角形的整个面积则代表在 AC 时间内以所有不同速度经过的距离,所以平方形就成为所有这些速度的总和,但是每一速度都相等于最大速度 BC。这些速度的总和是三角形中加速度总和的双倍,正如平方形是三角形

伽利略论证了从静止开始的匀加速运动物体走过的距离 $= \frac{1}{2} \times$ 速度 $\times$ 时间 $= \frac{1}{2} \times$ 加速度 $\times$ 时间^2,第一次用一个数学公式描述了一个物理现象。

> 在自然科学上，人们用不着寻求数学的证明。

> 用长线吊的摆比用短线吊的摆，其振动频率较小。

> 同一个摆，不管其振动幅度的大小，振动频率都一样。

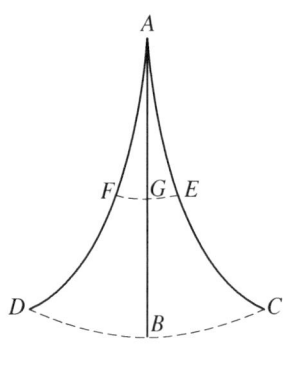

的双倍一样。所以如果落体使用相当于三角形 ABC 中的加速度在一定时间内经过一定距离，那么它使用相当于平方形中的均速运动，将在同样时间内经过它用加速度运动时所经过的距离的双倍，这样论证确是合理而且可能的。

沙：我完全信服，但是你说这是可能的论证，难道还有什么谨严的证明不成？我真巴不得在我们通常所称的整个哲学中，能找到一条这样证据十足的证明！

辛：在物理学上，是难得找到像数学那样准确的证据的。

沙：啊，难道这个运动问题不是物理学的吗？然而我看不到亚里士多德拿出什么证明给我看过，便是运动的最琐细性质他也没有证明过。可是让我们不要再扯得太远了。萨尔维阿蒂，你刚才提到的排除掉被它分开的空气阻力之外，另外还有一种阻力能使它停止，这一点望你不弃，能有以告我。

萨：你说说：两个长度不一的摆，长线吊的摆的振动次数是不是比较少呢？

《对话》第二天(节选)

沙：是较少，如果它们离开垂直线的弧度是一样的话。

萨：啊，这没有关系，因为同一个摆不管弧度大小（即不管它离开垂直线多远或者多近），其振动次数都是一样的。① 或者说，即使不完全一样，差别也是不大看得出的，这一点你从实验上就可以看出。但即使频率相差很大，这也无碍我的论证，反而对我有利。现在让我们画一根垂直线 AB，从 A 点在 AC 线上挂一个摆 C，再在同一根线上较高的一段另外挂一个摆，这将是 F 点。把 AC 线拉离垂直线并把它放开，两个摆 C 和 E 将经过弧线 CBD 和 EGF，摆 E 由于挂离顶点较近而且如你所说，拉出去较少，将会较快地回来，并且比摆 C 的振动次数较多。所以它就会阻碍摆 C 自由振动时那样回到 D 点那么远；由于每一次振动时，它对摆 C 都是一种阻碍，所以最后就会使 C 停止下来。

现在这根吊摆的绳子，即使把中间那

阻碍摆振动并使它停止下来的原因。

---

① 正如伽利略自己觉察到的，这句话只是近似正确，所以后来在第四天的讨论中重又加以修正。

科学建构：
从几何模型到物理世界

江晓原
科学读本

> 悬挂摆的绳子或者链条，在摆动时并不拉成直线，而是弯成一条弧线。

个摆拿掉以后，其本身也是许多摆的合成体；这就是说，绳子的每一部分恰恰都是一个摆，从离 A 点较远到逐渐接近 A 点，因此这些摆的振动频率就愈来愈快，从而使绳子的每一部分对于摆 C 都是一种持续的阻碍。关于这一点，我们看一下绳子 AC 就可以知道，因为绳子拉得并不很紧而是拉成一根弧线；如果不用绳子而用一根链条吊着，那么这种效果就看得更明显了，特别是在摆 C 离开垂直线 AB 很远时效果最明显。因为链条是许多环节组成的，每一节都有重量，所以 AEC 和 AFD 两条弧线看上去弯曲得非常显著。由于链条的组成部分离 A 点愈近，振动频率愈大，链条的最低部分就不能够像它自然振动时振动得那样大了。这样不断地阻碍 C 的振动，所以即使除掉空气的阻力，振动最后也会停止下来。

选自《关于托勒密和哥白尼两大世界体系的对话》，[意]伽利略著，上海外国自然科学哲学著作编译组译，上海人民出版社，1974年。

考虑天体和谐所必需的
天文知识之要点

J. 开普勒

| 导读 |

德国天文学家开普勒（Johannes Kepler，1571—1630）早期接受的教育主要是神学方面的，后来认识了数学和天文学教授梅斯特林，开始对数学和天文学感兴趣，并开始信仰哥白尼的学说。他日趋自由的思想使得他没有资格在教会中任职，后来谋得一个天文学讲师的职位。在业余时间他开始了行星问题的研究。1596 年，他的著作《宇宙的奥秘》出版。他把这本书寄送给了第谷（1546—1601），两位天文学家从此开始通信，在第谷去世之前开普勒成为他的助手和指定接班人。

激励开普勒进行研究的一个基本信念是：上帝按照某种先存的和谐创造世界，这种和谐的某些表现可以在行星轨道的数目与大小以及行星沿这些轨道的运动中追踪到。开普勒最初试图发现构成宇宙结构基础的简单关系而取得的一些成果载于《宇宙的奥秘》一书中。他做了一系列正多面体，每个多面体有一个内切球，同时又是下一个正多面体的外接球。他发现，正八面体的内切和外接球面的半径分别同水星距离太阳的最远距离和金星距离太阳的最近距离成比例；正二十面体的内切和外接球的半径分别代表金星的最远距离和地球的最近距离。正十二面体、正四面体和立方体可类似地插入到地球、火星、木星和土星的轨道之间。

正多面体只有五种，而行星只有六颗，这很容易让人觉得它们两者之间联系的必然性。实际上根据开普勒这种构造计算出来的行星距离与观测所得并不完全一致，但开普勒在当时简单地把这种偏差归咎于观测的误差。直到他得到第谷的那些无可争议的精确观测资料之后，开普勒对行星的距离和运动进行了更细致的研究。经过了一系列在现在看来是"错中有错"的思索，开普勒先找到了关于行星运动轨道两条规律，并在1609年出版的《新天文学》中公布了两条定律。（1）行星沿椭圆轨道绕太阳运动，太阳位于椭圆的一个焦点上。（2）从太阳到行星的矢径在相等时间里扫过相等的面积。开普勒继续寻找存在于宇宙中的和谐，并颇有心得，在1619年出版《宇宙的和谐》。该书被人评价为"叙述冗长，充满神秘主义"，但书中公布的关于行星运动的第三定律被称为"一团海藻中的珍珠"。（3）各行星公转周期的平方与轨道半长径的立方成正比。这三条被称作开普勒定律的行星运动定律为牛顿的伟大发现奠定了基础,并且也是在牛顿的证明之下,开普勒三定律的价值才被充分揭示出来。事实上作为与开普勒书札往来频繁的好友伽利略,也未能领略和赏识开普勒三定律的深刻含义。

本书选取的《考虑天体和谐所必需的天文知识之要点》一文即选自《宇宙的和谐》,在文章中开普勒分12个要点进行论述,帮助读者来理解他的宇宙和谐的思想。

开普勒

在阅读本文之初,读者即应懂得,古老的托勒密天文假设尽管在普尔巴赫的《理论》(*Theoriae*)及其他摘要文章中居于重要地位,但是与我们现在的研究毫不相同,应该在心目中把它驱除尽净,因为它既不能对天体的排列作出合理的解释,也无法对支配天体运动的定律提供真实的说明。

我只能简单地用哥白尼宇宙理论代替托勒密假设,如果办得到的话,我还要使所有的人都相信这一理论是真理。因为许多研究者对这一思想依然十分陌生,在他

开普勒曾写过一本名为《月球之梦》的书,是关于一个人做梦到月球上去的事。书中描写了月球的表面。有人认为这是第一部科幻小说。多年以后,经过儒勒·凡尔纳(Jules Verne)等小说家的努力,这种科幻小说的文体逐渐流行起来。

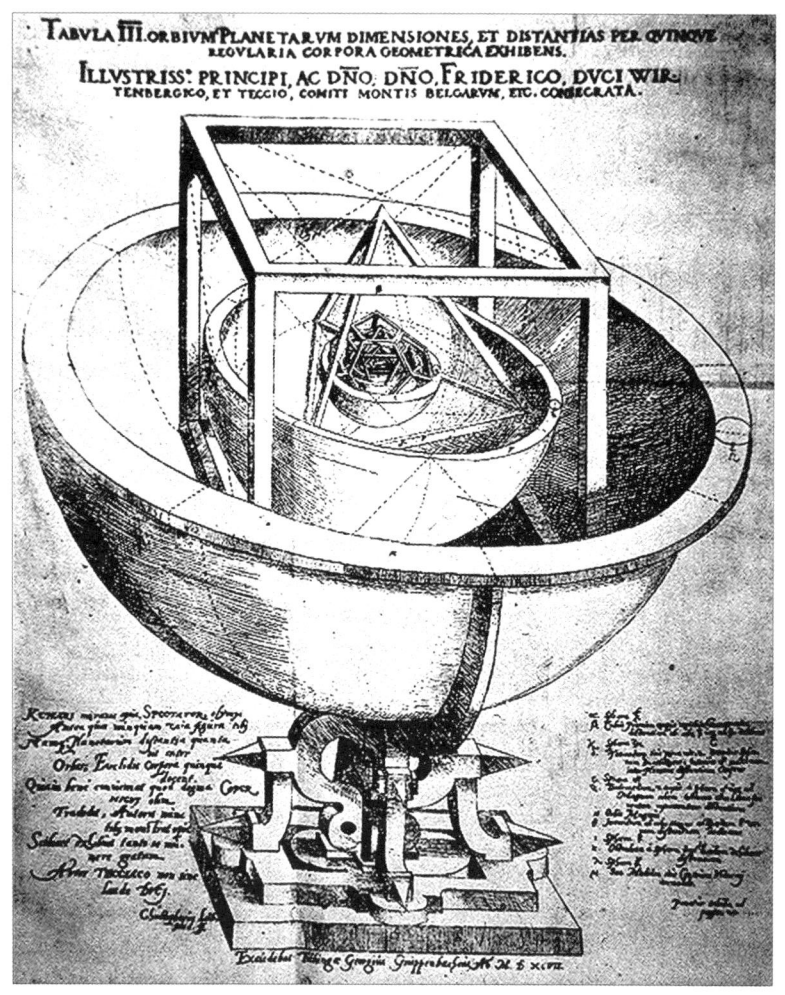

开普勒行星球模型

1   考虑天体和谐所必需的天文知识之要点

们看来,地球作为行星之一在群星间围绕着固定不动的太阳运动这样一种理论是非常荒谬的。那些为新学说的奇特见解所激怒的人应该知道,和谐理论即便在第谷·布拉赫的假设中,也占有一席之地。虽然第谷赞同哥白尼关于天体排列及支配天体运动的定律的每一观点,但他单单把哥白尼所坚持的地球的周年运动改为整个行星系统以及太阳的运动,而哥白尼和第谷都认为,太阳是行星系统的中心。因为这种改变所引起的运动是同样的,所以即使不是在广袤的恒星天球空间内,至少也是在行星系统的世界内,地球在同一时刻所处的位置,按照第谷体系与按照哥白尼体系,都是一样的。一个人转动圆规的画脚能在纸上画出一个圆,他若保持圆规画脚或画针不动而把纸或木板固定在旋转的轮子上,也能在转动的木板上画出同样的圆,现在的情形也是这样;按照哥白尼学说,地球由于其本身的真实运动在火星的外圆与金星的内圆之间画出自己的轨道,另一方面,按照第谷的学说,整个行

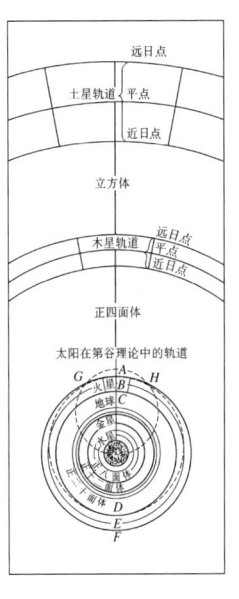

太阳在第谷理论中的轨道

开普勒三大定律

开普勒行星运动三定律细致地描述了行星运动的路径:

第一定律:所有行星绕太阳运动的轨道都是椭圆,太阳处在椭圆的一个焦点上。

第二定律:对每一个行星而言,太阳和行星的连线,在相等时间内扫过相等的面积。

第三定律:所有行星绕太阳运动的椭圆轨道的半长轴的三次方跟它的公转周期的二次方的比值都相等。

星系统(包括火星和金星的轨道在内)就像轮子上的木板一样在旋转着,而固定不动的地球则像旋匠的铁笔一样,在火星和金星轨道之间的空间中保持静止;系统的这种运动,遂使静止的地球在火星和金星之间围绕太阳画出的曲线,与哥白尼学说中由于地球自身的真实运动在静止的系统中画出来的曲线相同。再者,因为和谐理论认为,从太阳上看去行星是在作偏心运动,我们遂不难理解,尽管地球是静止不动的(姑且按照第谷的观点认为如此),但是如果观测者位于太阳上面,那么无论太阳的运动有多大,他都会看到地球似乎在火星和金星之间的空间中跑过自己的周年路程,所花的时间也介于这两颗行星的周期之间。因此,即使一个人对于地球在群星间的运动难思难解、疑信参半,他还是能够满心情愿地反复思索这无比玄妙的机理;他只需要把所了解的有关地球在其偏心圆上的周日运动应用于太阳显现出的周日运动(就像第谷那样把地球看作不动所描述的那种运动)即可。

1 考虑天体和谐所必需的天文知识之要点

但是，萨摩斯哲学的真正追随者没有丝毫理由去羡慕这种冥思苦索，因为倘使他们接受太阳不动和地球运动的学说，他们将从那完美无缺的深思中获得更多的乐趣。

首先，读者应该知道，月亮而外的所有行星都在绕太阳旋转，唯独月亮以地球为其中心旋转，这对于现今所有的天文学家，已是毋庸置疑的事实；月亮的轨道或路径太小，无法在上图中用与其他轨道同样的比例画出。因此，地球应被作为第六个成员加入其他五颗行星的行列，无论认为太阳是静止的而地球在运动，或者认为地球是静止的而整个行星系在旋转，地球本身都描画出它围绕太阳的第六条轨道。

其次，还应确立下述事实：所有行星都在偏心轨道上旋转，亦即它们与太阳之间的距离是变化的，因此，在一段轨道上它们离开太阳较远，而在相对的另一段轨道上离开太阳较近。在上图中对每个行星都画出了三个圆周，但没有一个圆表示出该行星的真实偏心轨道。以火星为例，中间一个圆的直径 BE 等于偏心轨道的较长直径，火星的真实轨道，如 AD 那样，在一个象限中切三个圆周中最外的一个 AF 于 A 点，在另一个象限中切最里的一个 CD 于 D 点。

用虚线画出的经过太阳中心的轨道 GH，表示太阳在第谷理论中的轨道。如果太阳沿此路径移动，每颗行星也都在与此相似的各自的轨道上移动；并且，如果其中一点，即太阳中心，位于其轨道上某处，比如图中所示的最下端，那么系统中所有其他成员也都将位于各自轨道的最下端。由于图幅狭窄，与我的愿望相违，开普勒还是为第谷的体系留了一席之地，他的图示同样可以用来说明第谷体系对行星系的描述。

开普勒虽然在十年前就公布了行星轨道的椭圆定律，但是在这本书里他也仍旧念念不忘25年前《宇宙的神秘》里提出的关于五种正多面体的猜测。事实上，他也明白用五种正多面体来拟合行星的轨道是不可能的了，但是他似乎仍然心存着一点点愿望，希望只存在五种正多面体和（当时已知）只存在六颗行星这两个事实之间能建立起某种体现宇宙和谐的联系。

金星的三个圆周合并成一个。

第三，请读者回忆我在25年前出版的《宇宙的神秘》，在那本书里，全智的造物主从五种立体图形推演出了围绕太阳旋转的行星或轨道的数目。关于这些立体图形，欧几里得在许多世纪前就写了一本书。因其由一系列命题构成，故名为《几何原本》。我在本书的第二分册中将阐明，不可能存在更多的规则的立体，也就是说，规则的平面图形不可能以五种以上的方式构成一个立体。

第四，至于行星轨道之间的关系，两条相邻轨道间的关系是一目了然的，每条轨道都位于五种立体之一的外接圆与内切圆之间，近似地等于某一个比值中的一项①，这个比值即该立体的外接圆与内切圆半径之比。依据第谷·布拉赫的观测，我已经完成了关于距离的论证，我发现如下事实：若置立方体的角于土星的最内圆，则立方体各平面的中心就几乎触及木星的中圆，若

---

① 或"它们近似地正比于五种立体图形之一的外接圆与内切圆"。——英译者

置四面体的角于木星最内圆，则其各平面的中心就几乎触及火星的最外圆；同样地，若八面体的角张于金星的任一圆上（因为三个圆周都挤在非常狭小的空间里），其各平面的中心就落到水星外圆的下面。最后考虑正十二面体及正二十面体外接圆与内切圆之间的比率，这些比率彼此相等，我们发现，火星和地球的各个圆以及地球和金星的各个圆之间的比率即距离与这些比率最接近。而且，倘若我们从火星的内圆推算地球的中圆，从地球的中圆推算金星的中圆，这两个比率也几乎相等；因为地球的中距离是火星的最小距离和金星的中距离的比例中项。然而，三颗行星的圆之间的这两个比值还是大于立体图形的这两组圆之间的比值，所以正十二面体各平面的中心不能触及地球的外圆，正二十面体的各平面的中心也不能触及金星的外圆，而且这一裂隙还不能被地球的最大距离与月球轨道半径之和及地球的最小距离与月球轨道半径之差所填满。不过，我注意到还存在着与图形有关的另一关系：如果一个扩大了的正十二面体［我称之为 ecbinus（刺猬）］由 12 个有五只角的星组成，那么它十分接近于五种规则的物体，我以为，如果把这种正十二面体的 12 个点置于火星的内圆上，那么五边形的各边（它们分别是不同的半径或点的基线）将与金星的中圆相切。

简言之，立方体与八面体略略进入与之共轭的行星轨道，十二面体与二十面体则完全没有到达与之共轭的轨道，而四面体则刚好接触两个轨道；在第一种情况下行星的距离存在亏值，第二种情况下存在盈值，第三种情况下则恰好相等。

从上述讨论显然可见，仅仅从规则图形出发，不能够推导出关于行星之间距离的准确关系；这正如柏拉图所说，造物主这个真正的几何学源头永恒地行使几何学而不逾越它的原型。这一事实的确也可以从如下思维中推测到：所有行星都在一定的周期内改变着各自的距离，每一行星到太阳都有两个值得注意的距离，即最大距离与最小距离；因此对于每两个行星到太阳的距离可以进行四重比较：它们的最大距离与最小距离之比，它们的相对距离之比，它们离得最远时的距离之比与离得最近时的距离之比；这样，对于所有两两相邻的行星的组合，共得20组比较，然而另一方面，立体图形总共只有五种。有理由相信，如果造物主注意到了所有轨道的总体关系，注意到了各个轨道距离的细微变化，并且在这两种场合下他所给予的注意是一样的而且是彼此相关的，当我充分考虑这一事实的时候，必定能够达到以下的结论：为了确定轨道的半径和偏心率，除了关于五种规则立体的这条原则之外，还需要有另外一些原则与之结合。

第五，谈谈和谐性得以确立的运动，我再次提请读者铭记我在《火星评述》中根据第谷·布拉赫极其精确的观测已经阐明的下述事实：经过同一偏心圆上同样周日弧的速度是不相等的，**随着与运动之源太阳的距离的不同，经过偏心圆上相等弧的时间也彼此不同**；另一方面，若假定每一场合的时间都相等，比如说等于一自然日，那么同**一偏心圆上与之对应的两段周日弧与各自到太阳的距离成反比**。同时我也阐明了，**行星的轨道是椭圆形的，太阳作为运动之源位于椭圆的一个焦点上**，由此可得，当行星从远日点开始走完整个圆周的四分之一的时候，它与太阳的距离恰好介于远日点时的最大值和近日点时的最小值两者的中间。从这两条原理可知，行星在其偏心圆上的周日平运动与当它处于从远日点算起的一个象限的终点时的瞬时真周日弧相同，虽然该实际象限似乎较严格象限为小。进一步可以得到：偏心圆上的任何两段完全精确的周日弧，如果它们到远日点的距离与到近日点的距离严格相等，那么它们的和等于上述的距离中间的两段周日弧之和；因此，由于圆周与其直径成比例，一段平周日弧与所有平周日弧（其长度彼此相等）总和之比等于一段平周日弧与整个圆周上所有真偏心弧总和之比。而平周日弧与真偏心弧的总数相等，但彼此长度不等。当我们预先了解了这些有关真周日偏心弧和真运动的真谛之后，就不难理解从太阳上观测到的视运动了。

第六，关于从太阳上看到的视弧，从古代天文学就可以知道，即使两个真运动完全相等，当用肉眼从宇宙中心观测时，离开中心较远（例如在远日点）的一个显得小些，而离开中心较近（例如在近日点）的一个则显得大些。此外，如我在《火星评述》中业已指出的那样，较近的真周日弧由于速度较快而格外大些，在较远的远日点处的真弧由于速度较慢而格外小些，由此可以得到，**偏心圆上的视周日弧正好与其到太阳距离的平方成反比**[①]。例如，若一行星在远日点时距离

[①] 或"偏心圆上的视周日弧之比正好等于其与太阳距离之反比的平方"。$\frac{1}{2} \times \frac{1}{2} = \left(\frac{1}{2}\right)^2$。——英译者

太阳为10个单位（无论何种单位），当它到达另一边而处于近日点时距离太阳刚好为9个同样的单位，那么从太阳上看去，它在远日点时的视行程与在近日点时的视行程之比，必定为81比100。

上述论证之成立须满足下列诸条件：第一，偏心圆上的弧不大，从而其距离的变化也不大，即从拱点到弧段终点的距离变化甚微；第二，偏心率不太大，因为按照欧几里得的《光学》定理8，偏心率越大，即拱越大，该视弧角度的增加较之其本身朝着太阳的移动也越大。而且，我之所以提出这些条件，还有另外的理由。从日心观测时，位于中间近点角一带的弧是倾斜的，这一倾斜减少了该弧视像的大小，而另一方面，位于拱点附近的弧从日心看时却正对着视线方向。因此当偏心率很大时，似乎只有对于平距离，运动才显得同本来一样大小，倘若我们使用周日平运动而不减小到平距离，各运动之间的关系显然就会遭到破坏，这一点将在以下水星的场合里显现出来。所有这些问题，在《哥白尼天文学概要》卷五中有相当篇幅详加论述，但仍有必要在此加以阐明，因为这些论题所触及的正是天体和谐原理本身。

第七，倘若谁有机会去思考行星的周日运动，同时见到这种运动的观测者不是假想位于太阳上而是位于地球上（关于地球的运动在《哥白尼天文学概要》卷六中涉及），他就应该知道，这一问题在现今的探讨中还完全未加考虑。显然，这既是无须考虑的，因为地球不是运动的源泉，同时也是不能够加以考虑的，因为这些参照于虚假表象的运动，不仅会转化为完全静止或视像不动，而且会转化

1 考虑天体和谐所必需的天文知识之要点

成为逆行。如此种种数不胜数的关系得以发生的原因，不可能同时而平等地归结到所有的行星，我们据此遂能确定，建立于各个偏心轨道真周日运动基础上的内在关系究竟何在（尽管这些关系仍被假定为是从运动之源的太阳上看到的视像）。首先，我们必须从此种内在运动中分离出全部五颗行星所共有的外在的周年运动的表象，而不管这一运动究竟是如哥白尼所坚持的那样起因于地球本身的运动，还是如第谷·布拉赫所坚持的那样，起因于整个系统的运动，同时在我们看来，每一行星所特有的那些运动必须表达得与外在的表象完全无关。

第八，至此，我们已经讨论了同一颗行星在各个时间的弧。现在，我们必须进一步讨论并比较两颗行星同时参与的运动。这里先定义一些今后将要用到的术语。我们称两个行星**最近的拱点**为较高的近日点和较低的远日点，而不管它们是朝向同一天区还是朝向不同以致相对的天区转动。称行星行程中最快和最慢的运动为**极运动**，称位于两个轨道的最近拱点即上近日点和

开普勒在给出他的行星运动第三定律之前作了一番颇具文学性的铺垫，可见他本人对这一定律的钟爱。这一定律不单单体现了宇宙隐藏着的和谐，事实上这一定律也是非常实用的。根据该定律编算的行星星历表的精度大大提高了。

下远日点的运动为**收敛极运动**或**收敛运动**,称位于相对拱点即上远日点和下近日点的运动为**发散极运动**或**发散运动**。我在22年前由于尚未洞悉方法而暂时搁置的《宇宙的神秘》的一部分,必须重新完成并在此引述。因为在黑暗中进行了长期探索之后,借助布拉赫的观测,我先是发现了轨道的真实距离,然后终于豁然开朗,发现了轨道周期之间的真实关系,倘若问及确切的年月,

……虽已迟了,仍在徘徊观望,
历尽岁月,终归光临;

这一思想发轫于1618年的3月8日,但当时试验未获成功,又因此以为是假象遂搁置下来。最后,5月15日来临,一次新的冲击开始了。起先我以为自己处于梦幻之中,正在为那个渴求已久的原理设想一种可行的方案。思想的风暴一举扫荡了我心中的阴霾,并且在我以布拉赫的观测为基础进行了17年的工作与我现今的潜心研究之间获得了圆满的一致。然而,这条原理是千真万确的真实而又极其精确的:**任意两个行星的周期正好与其距离平方根的立方成比例**[①];但是,应该看到,椭圆轨道两直径的算术平均值较其半长径稍小。因此,举例来说,地球的周期为1年,土星的周期为30年,如果取这两个周期之比的立方根,再平方之,得

[①] 或"任意两颗行星周期之比恰等于其轨道本身中距离之比的1.5次方"。3/2=平方根的立方。——英译者

到的数值刚好就是土星和地球到太阳的中距离之比。① 因为 1 的立方根是 1，再平方仍是 1；而 30 的立方根大于 3，平方之，则大于 9，因此土星与太阳的平均距离略大于日地平均距离的 9 倍。

第九，现在，倘使你想要使用同一把尺（比如长为 10 英尺）测量每个行星在天空中的精确周日行程，你就必须结合两个比值，其一是偏心圆上的真周日弧（不是视周日弧）之比，其二是每个行星到太阳的平距离之比，因为这也就是轨道振幅之比；换言之，必须以每个行星的真周日弧乘以其轨道半径。只有在这样处理之后，才能从所得数据中探究各行星的行程之间是否存在着和谐关系。

第十，你可以知道，当假想从太阳上观看时，任一这种周日行程的视长度有多大——虽然这可以从天文观测直接获得。倘若你把偏心圆上任意点的平距离（不是真距离）的反比增加到行程之比中去，同样会得出所需结果，同时，上偏心圆上的行程乘以下偏心圆到太阳的距离，而下偏心圆上的行程则乘以上偏心圆到太阳的距离。

第十一，再进一步给出视运动，取一个行星的远日点和另一行星的近日点，再相反或交错地选取，可以得出一行星的远日距与另一行星的近日距间的一组比值；然而由于平运动从而两个周期的反比应该是预先知道的，由此即可推出在第八段中所发现的与轨道有关的那个比值。**如果取每一视运动与其平运动之间的比例中项，其结果是：该比例中项与其轨道半径之比正好等于平运**

---

① 因为在《火星评述》第 XLIII 章 232 页（Ⅲ，353），我指出，该算术平均值或者等于与椭圆轨道等长的圆周的直径本身，或者略微小于这个数值。——原注

动与距离(或所寻求的间距)之比。设两个行星的周期是 27 和 8，那么它们的周日平运动弧之比是 8 比 27。因此，轨道半径之比将是 9 比 4。因为 27 的立方根是 3，同时 8 的立方根是 2，这两个立方根即 3 和 2 的平方分别是 9 和 4。现在设一行星在远日点的视运动为 2，而另一行星在近日点的视运动为 $33\frac{1}{3}$。平运动 8 和 27 与相应视运动的比例中项是 4 和 30。因此，如果比例中项 4 给出该行星的平距离为 9，那么平运动 8 就给出对应于视运动 2 的远日距为 18；并且如果另一个比例中项 30 给出另一行星的平距离为 4，那么该行星的平运动 27 给出其近日距为 $3\frac{3}{5}$。我由此得出，前一行星的远日距与近日距之比为 18 比 $3\frac{3}{5}$。显然，存在于两颗行星极运动之间的和谐性已被发现了，并且从所指定的每一行星的周期必能导出其极距离和平距离，并进而求出偏心率。

第十二，下面给出如何从同一行星的各个极运动求其平运动。平运动严格说来既不是极运动的算术平均值，也不是其几何平均值，但是平运动与几何平均值之差等于几何平均值与两者(算术)平均值之差。设两个极运动为 8 和 10，平运动将小于 9，而且比 80 的平方根还要小 9 与 80 的平方根两者之差的一半。再设远日运动为 20，近日运动为 24，平运动将小于 22，而且比 480 的平方根还要小这平方根与 22 之差的一半。

选自《天文学名著选译》，宣焕灿选编，
知识出版社，1989 年。李广宇译。

《自然哲学的数学原理》(节选)

牛 顿

| 导读 |

哥白尼把地球看作是一颗行星,以这一革命性的思想为发端,经过伽利略、第谷、开普勒等人的工作,最后导致牛顿(Isaac Newton,1642—1727)对物理世界的伟大综合。

1642年天才伽利略去世,另一个天才牛顿在这一年的圣诞节(儒略历)降生。牛顿出生于英国林肯郡的一个中农家庭,是遗腹子,又是早产儿。12岁时进入当地一所文科中学念书。1661年6月进剑桥三一学院。1665年初毕业,获得文学士学位。

1665年和1666年,为了躲避伦敦的鼠疫,牛顿大部分时间在他母亲的农庄中度过。其间他取得了一些数学上的发现,还做了一些关于光的颜色的实验。一直为人们传诵的牛顿看到一只苹果落到地上从而启发了他发现万有引力定律的著名事件,就发生在这个时期。但是由于数学上的一些准备工作还没有做好,当时牛顿没有严格地推导出万有引力的数学表达式。

1667年牛顿回到剑桥之后当选为三一学院的研究员,第二年获得文学硕士学位。1669年27岁的他就任数学卢卡斯教授。在这段时间牛顿恢复了光学研究,并造了第一架反射望远镜,还发现了白光的合成性质。1672年牛顿被选入皇家学会,并向学会报告了他的有关太阳光的分光实验。此后牛顿作了一些数学和化学方面的研究。

牛顿与科学界的朋友们的谈话和通信使他的注意力不时回到引力问题上来。1684年8月哈雷造访牛顿,促使牛顿进入对引力问题的紧张研究。18个月后,他写成《自然哲学的数学原理》(简称《原理》,于1687年7月出版)。

以后牛顿逐渐步入仕途,先代表剑桥大学当选为国会议员,1695年被任命为造币厂督办;1699年因政绩出色被任命为造币厂厂长,他担任这个职位直到去世。1701年,他辞去了三一学院研究员和卢卡斯教授的职位。1703年牛顿当选为皇家学会会长,并年年连选连任,直到去世。1705年安妮女王授封牛顿为爵士。1727年牛顿在主持一次皇家学会的会议时突然得病,两周以后在3月20日去世,享年85岁,安葬在威斯敏斯特教堂。

牛顿的《原理》被公认为科学史上最伟大的著作。该书初版用拉丁文发行。起初,皇家学会准备把牛顿的研究成果发表在《哲学学报》上,但在研究了前面几个部分后,便决定出资把这部著作印成书本。由于当时皇家学会正处在长期的经济困难中,缺乏足够的资金,加上胡克宣称对发现拥有优先权,皇家学会因此放弃了原计划。哈雷自费承担了该书的出版,他还为牛顿搜集必要的天文资料,校订清样,指出文中的含混之处,安排印刷和插图,等等。因此《原理》的出版,哈雷功不可没。

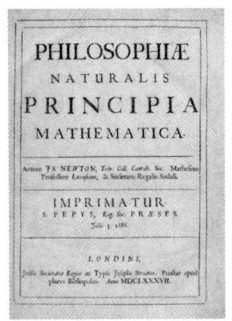

牛顿《原理》拉丁文版封面

《原理》共分三篇,另有非常重要的导论。全书模仿源于古希腊的著述风格,用定义和命题构建一个完备的公理体系,一开头就对力学中的各个基本概念作了定义,包括质量、动量、力等。牛顿是第一个精确使用这些概念的人。在这些定义之后的一条附注中,牛顿假设存在绝对的真实的和数学的时间、绝对空间和绝对运动。绝对时间均匀地流逝着而同任何外部事物无关;绝对空间始终保持相同和不动;绝对运动是物体从一个绝对位置向另一个绝对位置的平移。20世纪物理学与牛顿物理学的根本决裂就是在于抛弃这些绝对的、独立的空间和时间概念。

《原理》接着叙述了著名的牛顿运动三定律：（1）每个物体都保持其静止状态或直线匀速运动状态，除非受到外力的作用而被迫改变这种状态；（2）物体的加速度与外力成正比，加速度的方向与外力的方向相同；（3）对于每一个作用，总有一个大小相等、方向相反的反作用。第一、第二定律直接从伽利略的结果推演而来，其中第一定律是笛卡尔明确提出的。第三定律是牛顿的发现，正是这一定律使得火箭的飞行成为可能。

《原理》第一篇在作了必要的数学准备后，着重讨论了在平方反比引力作用下两个质点的运动规律，并在此基础上讨论了太阳作为摄动天体对月球绕地球运动的影响，从而在理论上解释了月球运动中早已观测到的各种差项，为成功解释岁差和潮汐现象奠定了理论基础。在该篇中，牛顿还完美地解决了一个广延物体的万有引力如何取决于它的形状的问题。

《原理》第二篇主要讨论了物体在阻尼介质中的运动规律。另外，该篇还专辟一节讨论了弹性流体中的波动和波的传播速度，并进一步试图计算声音在空气中的传播速度。

《原理》第三篇主要论述了前面两篇给出的力学规律在天文学中的运用。在该篇一开始，牛顿就给出证据证明太阳系中的各天体是按照哥白尼学说和开普勒定律运动的，天体的轨道取决于相互之间的引力。牛顿还从理论上推算了地球赤道部分隆起的程度,并指明月球和太阳引力对地球赤道隆起部分的吸引是产生岁差现象的原因。第三篇还从数值上对月球运动的各种差项作了计算。

《原理》问世后200多年间,一直是全部天文学和宇宙学思想的基础。天体的运行、潮水的涨落和彗星的出没,所有这一切都可以用同一的力学规律来解释。这确实给人们留下了深刻的印象,以致它的影响超出了天文学和物理学的范围。在社会、经济、思想等各个领域中,人们希望仿照牛顿力学的原则,通过对现象的观测得出若干原理,再运用数学手段来解答所有的问题。事实或许不如所愿,但在牛顿开创的这个理性时代,人们确实体会到了一种前所未有的智力自信。

本书所选的段落只为读者提供了一个例子,以求通过"尝鼎一脔"来体会《原理》的风范。

物体的运动[①]

推论1

一个物体,同时受到两个力的作用,将沿平行四边形的对角

[①] 在《原理》第一编中,这些推论1、2、4、5、6以及推论6的注释是紧接在运动定律的后面的。——原编者

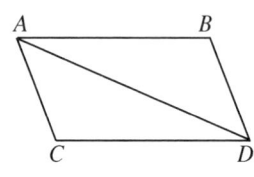

线运动,所用的时间和它分开受到这两个力的作用而沿两边运动时的时间相同。

假如一个物体在 A 点单独受 M 力的作用而在一定时间内从 A 等速地运动到 B,而在同一地点如单独受 N 力的作用而从 A 运动到 C,那么我们可以作平行四边形 $ABCD$;而当这两个力一起作用时,物体将在同样的时间内从 A 沿对角线运动到 D。因为既然 N 力作用在 AC 线的方向上,与 BD 平行,那么(根据第二定律),这个力根本不会改变把物体带到 BD 线去的另一个力 M 所产生的速度。因此,不管 N 力是否加于其上,物体终将在这段时间内到达 BD 线;所以在这段时间的末了,可以在 BD 线的某处找到它。同理,在这一段时间的末了,也可以在 CD 线的某处找到这个物体。因此我们将在两线的会合处 D 点找到它。但是根据第一定律,物体将沿一直线从 A 运动到 D。

《自然哲学的数学原理》全书用一系列命题和它们的推论编织起一个公理体系,这与阿里斯塔克的《论日月的大小和距离》、欧几里得的《几何原本》、阿基米德的《论平面图形的平衡》、托勒密的《至大论》和哥白尼的《天体运行论》中的做法是一脉相承的。《原理》不仅在形式上保持了前面这些巨著的风格,在内容上也毫不逊色甚至高于前述这些科学史上的里程碑式的巨著。

推论 2

这样就说明了任何一个直接的力

AD 是由两个任意斜向的力 AC 和 CD 合成的；而且反过来，任何一个直接的力 AD 也可以分解为两个斜向的力 AC 和 CD：这种合成和分解已在力学上完全得到验证。

推论 4

两个或两个以上的物体的共同重心，不会因物体本身之间的作用而改变其运动或静止的状态；因此，所有相互作用着的物体（如无外来作用和阻碍），其共同重心将或者静止，或者在等速沿一直线运动。

因为，如果有两个点都在各自的直线上等速向前运动，而它们之间的距离按一定比例分割时，那么这一分割点将或者静止，或者沿一直线等速向前运动。当这两个点在同一平面上运动时，这一结论将在以后的命题23及其推论中加以证明；当这两个点不在同一平面上运动时，也可以用同样的论证方法加以证明。因此如果有任意数目的物体都在沿直线作等速运动，那么其中任何两个物体的共同重心将或者静止，或者沿一直线等速前进，因为连接这两个作这种运动的物体的重心的那条线，是按一定比例分在它们共同重心的地方的。同样，这两个物体和第三个物体的共同重心将静止，或者沿一直线作等速运动；因为这两个物体的共同重心和第三个物体的中心之间的距离是按一定比例分在这共同重心的地方的。又同样，这三个物体和第四个物体的共同重心将静止，或者沿一直线作等速运动；因为这三个物体的共同重心和第四个物体的中心之间的距离,在这里也是按一定比例分割的;依此类推,**直至无穷**。因此,对于一个由许多物体组成的体系,当物体之间既没有任何相互作用,也没有受到任何外力的影响,因而都在沿直线作等速运动时,它们的总的共同重心将或者静止,或者在沿一直线等速向前运动。

此外,在由相互发生作用的两个物体组成的一个体系中,由于从物体各自的中心到它们共同重心的距离与它们的质量成反比,所以不论这两个物体是趋近或者还是离开这个共同中心,它们的相对运动都将彼此相等。运动所发生的变化既然相等,而且各自指向其对方,那么这两物体的共同中心将不会由于它们之间的相互作用而加速或减速,其运动或静止的状态也不会受到任何变化。在由许多物体组成的一个体系中,由于任何两个相互间发生作用的物体的共同重心,其状态不会因这种作用而有所改变,所以和这种作用不相干的其余物体的共同重心更是不必说了。然而这两个共同重心之间的距离被所有物体的共同重心分成两部分,每一部分反比于组成它所属的那个中心的物体质量之和,因而当这两个中心保持其运动或静止的状态时,总的共同中心也将保持其运动或静止的状态。这表明,总的共同中心绝不会因任何两个物体之间的作用而使其运动或静止的状态受到任何变化。但在这样一个体系中,各物体之间的一切作用不是发生在两个物体之间,就是由某两个物体之间的互相交换作用所组成,因此它们决不会使总的共同中心的运动或静止状态发生任何变化。所以,当物体并不相互发生作用时，既然那个中心或者是静止，或者是在沿着某条直线等速向前运动，那么即使物体之间发生相互作用，它总将继续保持其或者静止或者沿一直线向前运动的状态，除非有某种外来的力量作用于整个体系，迫使它离开这种状态。因此，就它们保持其运动或静止的状态来说，这同一条定律对一个由许多物体组成的体系和对单独一个物体一样，都同样成立。因为不论是单个物体的，或者是由许多物体组成的整个体系的前进运动，总是以重心的运动来计算的。

推论 5

一个给定空间，不问其是否静止或者沿一直线等速运动，只要不作任何转动，那么其中所含的各个物体彼此之间的运动，总保持不变。

因为指向同一方向的各运动之差，和指向相反方向的各运动之和，（按假定）开始时在这两种情况下总是相同的。正是这些和与差，引起了碰撞和冲击，使物体相互发生作用。因此（根据第二定律），这些碰撞的效应在这两种情况下一定相等，所以，在一种情况下物体之间的相互运动，将等于另一种情况下物体之间的运动。关于这点，我们从船上的实验中已得到清楚证明，在那里，不论船静止还是在沿一直线等速前进，一切运动都按同样方式进行。

推论6

如果相互间以任何方式运动的各物体，受到相等而方向平行的加速力的推动，那么它们将仍然继续它们相互之间的运动，犹如没有受到这些力的推动一样。

由于这些力的作用（对于被推动的物体的量来说）相等，而且方向平行，它们将（根据第二定律）使所有物体（就速度而言）都有一样的运动，因此决不会引起这些物体相互间的位置或运动有任何变化。

注释

迄今我所写下的这些原理，都是已为数学家们所接受，并为许多实验事实所证明了的。根据第一、第二两个定律和第一、第二两条推论，伽利略曾发现物体下落的距离是随时间的平方而变化的（in duplicata ratione temporis），还发现抛射体的运动是沿着抛物线这样一条曲线进行的。所以这样看来，只要这些运动没有被空气的阻力所阻滞，那么这两条定律和两条推论确实和经验相符。当一个物体下落

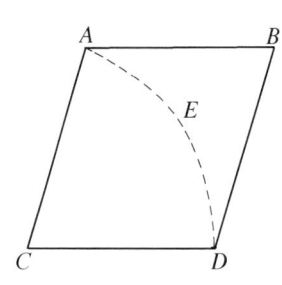

时,均匀的重力,由于它的作用相同,所以在相等的时间间隔内就以相等的力作用于物体,从而产生相等的速度;而在整个时间内则对物体作用一整个的力,并产生一个与这时间成正比的总的速度。物体在一定时间内所走过的路程,与速度和时间的乘积成正比,也就是与时间的平方成正比。把一个物体向上抛射时,它受到其均匀重力的作用,其速度就与时间成正比地减小;而上升到最高点的时间,等于把速度全部减完的时间,因而这高度与时间和速度的乘积成正比,或者与速度的平方成正比。如果一个物体向任何一个方向抛射出去,那么由抛射而来的运动和由其重力而来的运动是组合在一起的。因此,如果物体 A 单由抛射而来的运动能在一给定时间内走过直线 AB,而单由下落而来的运动能在这相同时间内走完高度 AC,以此作平行四边形 $ABCD$,那么,我们在这个组合运动中将在这段时间之末在 D 点找到这个物体,而它所走过的曲线 AED 将是一条抛物线。这条曲线在 A 点的切线就是直线 AB,曲线的纵坐标 BD 则与 AB 线长度的平方成正比。关于摆的振动时间所演示的并为摆钟的日常经验所验证的那些事物,也都依赖于这样一些定律和推论。根据这些定律和推论,连同第三定律一起,克里斯托弗·雷恩爵士,沃利斯博士和惠更斯先生这些我们时代的最伟大的几何学家,就各自确定了坚硬物体的碰撞和弹回的规律,并且几乎同时将他们的发现告知了皇家学会。就那些规律而论,他们的发现是完全一致的。沃利斯博士确实把他的发现发表得稍为早些,然后是克里斯托弗·雷恩爵士,最后是

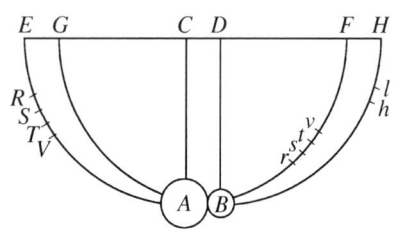

惠更斯先生。但是克里斯托弗·雷恩爵士曾在皇家学会上用摆的实验证实了这个发现，而此后不久，M.马略特先生就认为这些实验适宜于用一本专著来予以说明。但是要使这实验和理论完全相符合，我们必须既要考虑到空气的阻力，又要考虑到物体的弹性力。譬如，让 A、B 两球体用平行而等长的线 AC 和 BD 悬挂在 C、D 两中心点的地方，并以这些线的长度为半径，画两个半圆 EAF 和 GBH，它们分别为半径 CA 和 DB 所平均分开，然后把物体 A 移到 EAF 弧上任意一点 R 地方（并在移开物体 B 的情况下），让它从那里下落。假定在摆动一次之后它回到了 V 点，那么 RV 就将表示由于空气阻力而产生的阻滞。现令 ST 为 RV 的四分之一，并位于 RV 的中间，以致

$$RS = TV，以及 RS：ST = 3：2，$$

这样，ST 就很接近于代表物体从 S 下落到 A 时所受到的阻滞。现将物体 B 放回原处，并设想物体 A 从 S 点放手下落，它在碰撞地点 A 的速度，将与设想它**在真空中**从 T 点下落到 A 点时的速度没

有多少差异。因此这个速度可用弧 TA 的弦来表示，因为这是几何学家所熟知的一个命题，一个摆动物体在其最低点的速度总是正比于在它下落时所走过的弧的弦的。在 A 和 B 碰撞之后，假定物体 A 到达 s 地方而物体 B 到达 k 点。现在把物体 B 移开，[在 EAF 弧上]找出 v 点。这是这样的一个点，当物体 A 被移到这点上而从这点开始释放下落时，它能在经过一次振动后回到 r 处的位置；然后在 rv 的中间取 st 段，其长为 rv 的四分之一，并使 rs 恰巧等于 tv，再以弧 tA 的弦代表物体 A 在 A 点同物体 B 碰撞那一瞬间之后的速度，因为 t 是当空气阻力假定被消除后，物体 A 所应升到的真正而准确的地方。同样，我们必须校正物体 B 上升的位置 k，这就是求出假定它**在真空中**上升时应该到达的位置 l。这样一来，每一样东西都可以像我们真的是**在真空中**一样置于实验之下。如果这些实验做了以后，那么，我们就可以取物体 A 和弧 TA 的弦（它代表其速度）的乘积（如果我能这样说的话），这样我们也就得到了它在 A 点就在碰撞那一瞬间之前的运动，然后我们把物体 A 和弧 tA 的弦相乘，于是就得到它在 A 点就在碰撞那一瞬间之后的运动。仿此，我们应取物体 B 和弧 Bl 的弦的乘积，而得到它就在碰撞那一瞬间之后的运动。按同样方式，当两个物体在不同地点一起被放落时，我们必须找出每个物体在碰撞之前和碰撞之后的运动，于是我们可以比较它们之间的运动，并收集其碰撞的效果。所以如用 10 英尺长的摆对相等的和不相等的物体做这样的试验，并使这些物体经过 8、12 或 16 英尺长的距离下落之后相碰，我总是发现，当物体直接相碰时，它们就各自在相反方向产生相等的运动变化，误差不大于3英寸，所以作用与反作用总是相等的。例如，物体 A 以 9 份的运动和静止的物体 B 相碰，碰撞以后它失去 7 份，而仅用 2 份的运动前进，但物体 B 则带着那个 7 份而往后运动。如果两物体以相反的运动相碰，A 带着 12 份的运动，而 B 带着 6 份，那么如果 A 带着 2 份后退，B 就带着 8 份后退，这就是说，每一边的运动都减少了 14 份。因为从 A 的运动中减去 12 份后，所余就为 0 了；如果再减去 2 份，则将朝相反方向产生 2 份的运动；同样，从 B 的 6 份运动中减去 14 份后，就产生了一个朝相反方向的 8 份的运动。但是如果两物体都向一个方向运动，A 以 14 份的运动跑得较快，B 以 5 份的运动跑得较慢，碰撞之后，A 以 5 份继续运动，B 同样以 14 份继续运动，于是就有 9 份的运动从 A 转移给了 B。对其他情况也是一样。物体相遇和相碰时，从同方向的各运动之和或从方向相反的各运动之差中所求得的运动的量，永远不会改变。测量中所出现的 1、2 英寸之差，可以不难归之于要把不论什么东西做得十分精确是确有困难的这一缘故。例如，要把两个摆这样准确地一同放落，使两物体正好在最低的 AB 处相碰，这并不容易；而要把物体碰撞后上升的位置 s 和 k 标记出来，这同样也很不容易，而且由于摆动物体本身各部分密度的不同，以及来自其他各种原因的结构的不均匀性，也可以产生一些误差。

但是为了防止或许有人会对用这实验来证明的那条规律提出异议，以为这条规律好像只是假定那些物体绝对坚硬，或者至少是完全弹性的（事实上在自然界中是找不到这种物体的），我还必须说，上面所描述的那些实验根本与硬度这性质无关，用软的物体和用硬的物体都一样会获得成功。因为用不是完全坚硬的物体来验证这规律时，我们只要以弹性力的大小所要求的这样一个比例来减小这弹回的程度就是。根据雷恩和惠更斯的理论，绝对坚硬的两物体相碰撞后，它们就将以彼此相遇时的速度彼此分开。这是可以用完全弹性的物体来更肯定地加以证实的。但是对于非完全弹性的物体，弹回的速度将随弹力的减小而减小，因为这个力（除非在碰撞中物体各部分受到击伤或者像受到锤击后而变形）是（就我所能看到的那样）确定的，并且它使物体以一个相对速度彼此相弹回，而这相对速度与物体相碰时的相对速度有一定的比例。我曾用绕得很紧、压得很结实的毛线球做过这种试验。我先放落这些摆动物体，测量它们弹回的程度，从而测定它们弹性力的数值，然后根据这力的大小，估计在其他的碰撞情形下所应有的弹回程度。而事后所做的其他实验确实和这项计算相符，而毛线球彼此弹开的相对速度总是和它们相碰时的相对速度成 5 与 9 之比。钢球几乎以相同的速度弹回，软木球以稍低一些的速度弹回；但玻璃球的相对速度之比约为 15 比 16。所以就碰撞和弹回的问题而论，第三定律已为一个与实验完全相符的理论所证明了。

关于吸引的问题，我将简短地把这件事证明如下。假定在相互吸引的任何两物体 A、B 之间放进一个障碍物，阻止它们彼此相遇，那么当两物体中的一个，例如 A，受到另一物体 B 的吸引大于另一物

体 B 受到物体 A 的吸引时,其结果将是,中间的障碍物受到来自物体 A 的压力将比来自物体 B 的压力大,因此就不能保持平衡;而较强的压力将占优势,并将使这两个物体连同障碍物这个系统直接朝着 B 所在的方向运动,并且在自由空间中将以不断加速的运动趋向**无穷远处**。但这是荒谬的,也是违背第一定律的。因为根据第一定律,这个系统应该继续保持其静止或者沿一直线等速向前运动的状态,因此这两个物体必须以相等的力压障碍物,而且它们的相互吸引也必须相等。我曾用磁石和铁做过这种实验。如果将它们分别放在适当的容器中,并让它们互相靠近而浮在静止的水面上,那么它们中就谁也不会推动谁。由于受到的吸引力相等,它们中的每一个都能抵住对方的压力,而最后就在平衡中保持静止。

地球和其各部分之间的重力也是相互的。设地球 FI 为任一平面 EG 切成 EGF 和 EGI 两个部分,那么其一部分对另一部分的重量将互相相等。因为如果用另一平行于 EG 面的平面 HK 把那较大部分 EGI 再切

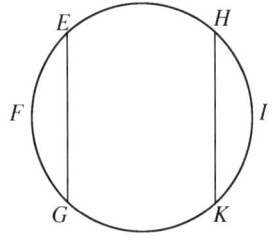

成 EGKH 和 HKI 两部分，使 HKI 等于第一次切出的 EFG 部分，那么显然，那中间部分 EGKH 凭它自己的重量将不会倾向任何一边，而将像它已经如此的那样，悬在两外侧部分之间，并在平衡中保持静止。但一个外侧部分 HKI 将以其全部重量载于中间部分之上，并把它压向另一外侧 EFG；因此，HKI 和 EGKH 两部分之和 EGI，压向第三部分 EFG 的力等于 HKI 部分的重量，亦即等于第三部分 EFG 的重量。因此，EGI 和 EFG 两部分彼此相向的重量，正如我所要证明的那样是相等的。而如果这两部分的重量实际并不相等，那么浮在无阻力的以太中的整个地球，将屈服于较大的重量而从以太中后退，一直跑到**无穷远**去。

正如这些其速度和它们内在的力成反比的物体在碰撞和弹回中能保持均衡一样，在机械工具的运用中，那些施动部件也能保持均衡，而且其中每一个都能抵住另一个的反向压力，只要它们的速度根据力的测定估计，和这些力成反比。

所以在天平的摆动过程中，如果使天

"以太"是充塞整个宇宙的物质，这个概念由亚里士多德提出来之后，并没有随着他的物理学被推翻而被抛弃，反而它的内涵此后被大大丰富了。从牛顿这个时代开始，物理学家们开始赋予"以太"一种力学性质，来描述各种光学现象。到19世纪末，迈克耳逊试图证明以太存在的实验失败以前，为描述以太的性质，物理学家已经建立起了一组复杂的数学方程。

平的臂运动的重量反比于它们上下运动的速度，那么它们作为使臂运动的力是相等的，也就是说，如果上升和下降是垂直的，而且重量之比与其悬点到天平轴的距离之比相反，那么这些重量的力就相等；但是如果重物为斜面或其他障碍物所转向一边，从而使它们倾斜地上升或下降，那么与它们上升和下降的高度成反比的这些物体将是均衡的，倘若这些高度因重力向下而取垂直方向的话。

滑轮或滑轮组的情况也相似，手直接拉绳的力与所要用以升起的物体的重量之比，不论使其垂直或倾斜地上升，如果等于重物垂直上升的速度与手拉绳的速度之比，那么手的拉力将能抵住物体的重量。

在由一组齿轮构成的钟和类似的仪器中，各齿轮上都受到推进和阻碍它运动的相反的力的作用，如果这些力和齿轮上它们所作用的各部分的速度成反比，那么它们将会相互维持平衡。

螺丝钉压在物体上的力与手旋转螺丝柄使螺丝向前移动的力之比，等于这柄为手所推的那地方的旋转线速度与螺丝向物体前进的速度之比。

用尖劈将一块木头劈成两部分时，它挤压或推开这两部分的力和用木槌击尖劈的力之比，等于在木槌击尖劈之力的方向上尖劈前进的速度和在垂直于劈面的方向上木头两部分屈从于尖劈而裂开的速度之比。对于一切机械，都可作与此相似的分析。

机械的功能和作用，只在于我们可以用减小速度的方法来增大作用力，以及反之用减小力的方法来增大速度；因而在各种适当的机械中,我们所要解决的问题,就是**用一定的功去移动一定的重物**,或者用一定的力去克服任何其他一定的阻力。因为如果机器设计得使施动者和阻抗者的速度反比于产生它们的这些力,那么施动者将恰好能抵住阻抗者,而如果速度的差异较大,施动者就能胜过阻抗者。所以当两者速度之差如此之大,足以使施动者胜过一切的阻力——诸如彼此相触的两物体当一个滑过另一个时所通常出现的摩擦力,或者要把连续的物体分开时所出现的内聚力,或者举起物体时所出现的重力——那么在克服所有这些阻力之后,剩下的力将在机械的各部件和抵抗物中产生与它成正比的加速运动。但是我目前的任务不是讨论力学。我的目的只是想用这些例子来指出第三运动定律的确定性及其广泛的应用范围。因为如果我们用施动者的力和它们速度的乘积来算施动者的作用,并同样用障碍物各部分的速度和它们来自摩擦、内聚、重量和加速等原因的阻力的乘积来计算障碍物的反作用,那么我们将会看到,在各种机械的运用中,作用与反作用总是彼此相等的。如果作用是经过中间仪器的传递而终于施加在抵抗物上的,那么最后的作用将总是和反作用相反。

命题 69,定理 29[①]

在由几个物体 A、B、C、D 等组成的一个体系中,如果任一物

[①] 命题 69、定理 29 和推论 1、2、3,以及这命题之后的注释,选自《原理》第一编。——原编者

体，例如 A，吸引所有其余的物体 B、C、D 等，其吸引所用的加速力与它和被吸引的物体的距离平方成反比，而另一物体，例如 B，也吸引其余的 A、C、D 等物体，它所用的力与它和被吸引的物体的距离平方成反比，那么，A 与 B 两吸引物体的绝对力之比，将等于正是这些力所属的那两物体 A 与 B 之比。

因为根据假定，所有 B、C、D 等物体对于 A 的加速吸引力，和 A 对于它们的加速吸引力，在距离相等的情况下是彼此相等的；同样，所有物体对于 B 的加速吸引力，和 B 对于它们的加速吸引力在距离相等的情况下也是相等的。但是物体 A 的绝对吸引力与物体 B 的绝对吸引力之比，等于在距离相等的情况下所有物体对于 A 的加速吸引力与所有物体对于 B 的加速吸引力之比，因而也等于物体 B 对于 A 的加速吸引力与物体 A 对于 B 的加速吸引力之比。但是物体 B 对于 A 的加速吸引力与物体 A 对于 B 的加速吸引力之比，等于物体 A 的质量与物体 B 的质量之比；因为（根据定义第 2、第 7 和第 8）与加速力和被吸引物体这二者联合起来成正比的那些运动力，按照第三定律在这里是彼此相等的。所以物体 A 的绝对吸引力与物体 B 的绝对吸引力之比，等于物体 A 的质量与物体 B 的质量之比。证明完毕。

推论 1

所以，如果由 A、B、C、D 等物体组成的体系中每个物体确是单独一个个地吸引所有其余的物体，而所用的加速力又与它和被吸引的物体的距离平方成反比,那么所有这些物体的绝对吸引力,其相互之比就等于它们物体本身之比。

推论2

根据类似的推理,如果由 A、B、C、D 等物体组成的体系中每个物体确是单独一个个地吸引所有其余的物体,而所用的加速力与它和被吸引的物体的距离的任何幂次成反比或者成正比,或者是用这些距离按任何一般定律所定义的力,那么很明显,这些物体的绝对吸引力之比就犹如物体本身之比。

推论3

在一个其物体之间的作用力随距离平方而减小的体系中,如果一些较小的物体绕一个极大的物体沿椭圆轨道运转,并以这大物体的中心为其共同焦点,而且椭圆的形状非常标准,此外,如果从各小物体画到那大物体的半径所掠过的面积严格与时间成正比,那么,这些物体绝对吸引力的相互之比,将或者严格地等于,或者很接近等于这些物体之比。反过来也是一

牛顿对命题69之推论3的证明实际上是在数学上严格证明了开普勒的行星运动第一定律。开普勒当初获得这个定律的过程是不严格的,在牛顿的证明下该定律才严格成立。

样。……

注释

这些命题自然而然地把我们引导到了向心力和它们所通常指向的中心体之间所存在的类比上去，因为正像我们在关于磁力的实验中所看到的那样，我们有理由设想，这些指向物体的力应与这些物体的性质和量有关。在遇到这种情形的时候，我们必须给物体的每个粒子规定一个恰当的力，然后找出它们的总和而算出物体的吸引力。"吸引"这个词，我在这里一般用以表示物体彼此接近的任何一种企图，不管这种企图来自物体本身的作用，如通过发射气精而彼此相趋近或彼此相激动，还是来自以太或空气或任何有形或无形的媒质的作用，以任何方式使放在那里的物体彼此相趋近。在同样一般的意义上，我使用"推撞"这个词。我在这本论著中，不是要定义力的各种种类或者它们的物理性质，而是像我以前在定义中已指出的那样，研究它们的量和它们的数学关系。在数学中，我们必须研究力的量，以及它们间在任何假定的条件下的关系，然后当我们进入到物理中时，把这些关系和自然现象作比较，从而可知道这些力的哪种情形符合于哪一类的吸引物体。做了这一准备工作之后，我们就能更可靠地讨论有关力的物理种类、原因和它们的关系。……

选自《牛顿自然哲学著作选》，[英] H. S. 塞耶编，王福山等译校，上海译文出版社，2001年。

相对论的基本思想和问题

爱因斯坦

| 导读 |

1905年爱因斯坦在《德国物理学年鉴》上发表的五篇论文中有一篇是关于光电效应的。在这篇文章中爱因斯坦发展了普朗克五年前提出的量子论,首次提出光量子的概念。在两个月后的第二篇论文中,爱因斯坦给出了布朗运动的数学分析。根据爱因斯坦的布朗运动方程,可以求出分子的大小和构成分子的原子的大小,这使得道尔顿提出原子论一百多年来人们首次可以得出原子大小的可靠数值。这一年对以后世界影响最大的一篇论文是《论动体的电动力学》,这也就是后来被称为狭义相对论的第一篇论文。到1915年,爱因斯坦又把相对论的思想引入引力场和加速系统,提出了广义相对论,在物理学领域发动了更加深刻的革命。

那段时间的爱因斯坦就像一位孤独的

永不停息的探险者，很少有人能接近他的步伐。当人们刚刚靠近他、理解他时，他又远远地走在前面了。社会对彻底的革命者的容纳程度确实有一定的限度，但是爱因斯坦显然已经成为物理学界不可忽略的人物，他获得一次诺贝尔奖是当之无愧的。诺贝尔奖委员会决定把1921年度的物理学奖授予爱因斯坦[1]。

瑞典皇家科学院诺贝尔物理学奖委员会主席阿雷纽斯在颁奖致辞中总结了爱因斯坦的主要物理学工作，其中提到了爱因斯坦三方面的主要工作，该主席先生在对爱因斯坦三方面工作按照怎样的先后次序进行介绍时，颇费了一番苦心。他在第一项就提到爱因斯坦影响最大的相对论工作，但所用的篇幅很短，措辞也是很不肯定的。他把相对论说成是"从根本上说是与认识论有关的""著名的哲学家柏格森（Bergson）在巴黎批评了这个理论"，并且"天体物理学界也对此理论持怀疑态度，因为相关结论目前正在受到严格的检验"。[2]

接着稍稍提到爱因斯坦的第二项工作即对布朗运动的数学分析，然后剩下的超过三分之二的致辞篇幅介绍了爱因斯坦的光量子理论。阿雷纽斯强调说："爱因斯坦第三方面的研究是关于普朗克在1900年所创立的量子理论的研究，他特别是为此项研究才获得诺贝尔奖。"

---

[1] 该年度的诺贝尔物理学奖获奖者名单是在1922年11月9日公布的。
[2] 《诺贝尔奖获得者演讲集·物理学》第一卷，宋玉升等译，科学出版社，1985年，第420页。

爱因斯坦没有出席授奖仪式,理由据说是去瑞典的路途太遥远。现在的诺贝尔奖获得者演讲集中收录的是爱因斯坦提交给哥德堡北欧自然科学家会议的报告《相对论的基本思想和问题》,其中没有提到光量子理论。历史已经纠正了人们对他贡献重点的评价,显然爱因斯坦更以相对论而名垂青史。

1905年爱因斯坦在《论动体的电动力学》一文中指出:

企图证实地球相对于"光媒质"运动的实验的失败,引起了这样一种猜想:绝对静止这概念,不仅在力学中,而且在电动力学中也不符合现象的特性,倒是应当认为,凡是对力学方程适用的一切坐标系,对于上述电动力学和光学的定律也一样适用,对于第一级微量来说,这是已经证明了的。我们要把这个猜想提升为公设,并且还要引进另一条在表面上看来同它不相容的公设:光在虚空空间里总是以一确定的速度传播着,这速度与发射体的运动状态无关。由这两条公设,根据静体的麦克斯韦理论,就足以得到一个简单而不自相矛盾的动体电动力学。"光以太"的引用将被证明是多余的,因为按照这里所要阐明的见解,既不需要引进一个具有特殊性质的"绝对静止空间",也不需要给发生电磁过程的空虚空间中的每个点规定一个速度矢量。

以上这一段话提出了狭义相对论的两条基本原理:一切物理定律在所有惯性系中是等价的;光在真空中的传播速度为一常数c,与光源和观测者的运动状态无关。抛弃了被认为是充满空间的以太和绝对的时空观。狭义相对论得出了一系列理论结果，如运动时钟延迟、运动物体长度收缩、质能等价关系等，得到了实验的有力支持。

爱因斯坦曾经说过，即使他没有来到这个世上，狭义相对论也会出现，因为时机已经成熟，但广义相对论则不然。所以广义相对论是与爱因斯坦的天才紧密联系在一起的。到1915年，爱因斯坦发表了比较完整的广义相对论理论，这个理论的建立基于三个主要问题的处理：引力、等效原理、几何学和物理学的关系。理论的核心就是新的引力场定律和引力场方程。在广义相对论中，爱因斯坦把相对性原理从匀速运动系统推广到加速运动系统，提出惯性质量同引力质量的等效性，也就是把加速系统视为同引力场等效。在他的场方程中把包括加速系统的空间几何结构和引力场视为一体，成为几何的结果。广义相对论所用的几何是非欧几何的黎曼几何。

广义相对论提出了三项可供检验的预言：水星近日点异常进动、光线在太阳引力场中的偏转和引力场中光谱线的红移。除了水星近日点异常进动类似于对已知现象作出解释外，其余两项预言的验证经历了曲折、漫长的过程。

在爱因斯坦提交本书选取的《相对论的基本思想和问题》这篇报告的1923年，相对论的思想，尤其是广义相对论的思想还没有被广泛接受，所以该报告可以看作爱因斯坦为捍卫和普及自己的理论所做的一次努力，也是他对自己给物理学所作出的贡献重点的一次强调。该文作为爱因斯坦本人在那个年代对相对论思想的表述和理解，又是一篇很珍贵的文献。

当我们考虑相对论中今天在某种意义上可认为是可靠的那部分科学知识的时候，我们可以看到在这个理论中起主导作用的两个方面：第一，这个理论的整个发展过程是依据这样一个问题：自然界中是否存在着物理学上特别优越的运动状态（物理学的相对性问题）；第二，概念和判断只有当它们同观察到的事实相比较而无分歧时才是可接受的（要求概念和判断是有意义的）。这个认识论的先决条件是根本性的。

如果把这两个方面应用于特定的场合，譬如应用于经典力学，那么问题就可澄清。首先我们看到，在物质占有的任何一点上都存在一个特别优越的运动状态即物质在被观测点上的运动状态。然而我们所讨论的问题是由下面这样一个问题引起的，即对于"广延"的区域来说是否存在物理学上特别优越的运动状态。从经典力学的观点，回答当然是肯定的，

爱因斯坦在这里先提出的两个认识论的先决条件，是很深刻的，也是很高明的。如果读者同意他下文对这两点的阐释，那么也就得接受他的相对论基本思想。

因为物理学上特别优越的运动状态从力学观点来说就是惯性系的运动状态。

这种表述，如同在相对论以前的全部力学原理通常表述的一样，远不能满足上面指出的"概念和判断要有意义"这个要求。运动只能理解为物体的相对运动。在力学中一般在讲到运动时总是指相对于坐标系的运动。如果坐标系被看作是一种纯粹想象的东西，那么这种解释就不符合"概念和判断要有意义"这个要求。如果我们把话题转到实验物理学上，我们知道坐标系总是用"实际刚体"来表示，而且还假设此刚体要像欧几里得几何中的物体一样，相对于另一物体是静止的。当我们把这个刚体看作是一个可被体验的客体时，"坐标系"概念以及物质相对于坐标系运动的概念，从"概念和判断要有意义"这个要求来说，它们都是可接受的。按照这种理解，欧几里得几何也符合物理学的要求。欧几里得几何究竟是否正确这个问题在物理学上变得重要了，因为它的正确性在经典物理学以及后来在狭义相对论中都是假定的。

在经典力学中，惯性系和时间是用惯性定律的相应公式一起明确地定义的。可以这样来定义时间和坐标系（惯性系）的运动状态：不受力的质点没有加速度，时间在用结构相同而处于任意运动状态的时钟（周期性系统）来量度时，结果都应一致。这样就存在着无限多个相互之间作匀速直线运动的惯性系，因而也就存在着无限多个物理学上特别优越的相互等效的运动状态。时间是绝对的，也就是说，它与具体的惯性系的选取无关。时间可以

爱因斯坦于 1933 年在美国加州圣巴巴拉市骑自行车的照片

用比逻辑上所需要的还要多的特征来确定。然而就像在力学中那样，这不应当同实验发生矛盾。过去已经注意到，从"概念和判断要有意义"这个要求来说，这种解释在逻辑上的弱点是没有一种实验标准来确定质点是否受力，因此惯性系的概念在某种程度上仍然是有问题的。对于这种缺陷的分析导致了广义相对论。现在我们暂时先不讲它。

在力学原理的推论中起着基本作用的是绝对刚体的概念（以及时钟的概念）。但是，对这个概念有理由提出异议。在自然界中绝对刚体只能是近似的，而且还不是可以任意作的近似。因此这个概念并不严格地满足"概念和判断要有意义"这个要求。此外，把全部的物理学研究建立在绝对刚体（或说固体）的概念上，然后又用基本的物理学定律在原子论上再重新建立刚体的概念，而基本的物理学定律又是用绝对刚体的概念建立起来的，这在逻辑上是不正确的。我之所以指出这种方法论上的缺欠，是因为这种缺欠也同样地存在于我在这里所概述的相对论中。如果我们把"概念和判断要有意义"这个要求用于这些初始的物理学定律，最后建立一个同经验世界无分歧的关系式来代替那种即使对于一个故意隔离的部分（空间—时间度规）也不完善的形式，这在逻辑上更为合理些。然而我们还没有充分认识大自然的基本规律，以致不能够提出一个更加完善的方法来解脱我们的困境。在我们讨论的最后部分将会看到，在近来的许多研究工作中已出现了一种趋势，即以列维－西维塔（Levi-

Civita）、韦尔（Weyl）、爱丁顿（Eddington）的思想为基础提出逻辑上更为正确的方法。

从上面所述可以清楚地看出，"特别优越的运动状态"指的是什么。这种运动状态是在自然规律的表达形式上要特别优越。对于这种运动状态的坐标系，其特点在于用这些坐标系表述的自然规律具有最简单的形式。根据经典力学，惯性系的运动状态是物理上特别优越的运动状态。经典力学允许划分出（绝对的）非加速运动和加速运动。此外，在经典力学中，速度只是相对的（它取决于惯性系的选取），而加速度和转动是绝对的（同惯性系的选取无关）。这种情况我们可以这样来表述：根据经典力学，"速度的相对性"是存在的，但是不存在"加速度的相对性"。作了这些解释之后，我们就可以转到我们的论题——相对论——上来，说明它在原理上的发展过程。

狭义相对论在于使物理学原理适应麦克斯韦–洛伦兹的电动力学。根据早期的物理学，狭义相对论采用了"欧几里得几何对于确定绝对刚体的空间位置是正确的"这个假设，并采用了惯性系和惯性定律。为了用公式表述自然规律，"各惯性系都等效"这个基本条件被看作是对于整个物理学都是正确的（狭义相对性原理）。从麦克斯韦–洛伦兹电动力学出发，狭义相对论又采用了真空中光速不变定律（光速不变原理）。

为了使狭义相对性原理同光速不变原理相协调，必须放弃适用于一切惯性系的绝对时间这个假设。这样一来我们也就是放弃了这样一个假设：用适当方式校准了的以任意方式运动的许多全同时钟，其中的任何两个在相遇时的读数都互相一致。对每个惯性系都确定一个特定的时间，而惯性系的运动状态和时间就按照"概念和判断要有意义"这个要求，由满足光速不变原理的条件来确定。如此定义的惯性系和惯性定律，对于这些坐标系的有效性都是假定的。每个惯性系的时间用一些相对于这个惯性系是静止的全同时钟来量度。

利用这些定义和相互之间没有矛盾的假设，明确地建立了空间坐标和时间从一个惯性系变换到另一个惯性系的变换定律，即所谓的洛伦兹变换。它的直接的物理意义在于：我们使用的这个惯性系的运动对于绝对刚体的形状（洛伦兹收缩）和时钟的快慢产生了影响。按照狭义相对性原理，大自然的规律对于洛伦兹变换应当是协变的，因此，这个理论给出了一般自然规律应当满足的标准。具体地说，这个理论将使关于质点运动的牛顿定律发生改变，在新的定律中，真空中的光速是极限

洛伦兹变换本来是用来挽救以太、挽救经典物理学的，但这个变换的数学形式在狭义相对论中仍旧适用。

1 相对论的基本思想和问题

速度,并且它把能量和惯性质量的性质统一起来。

狭义相对论获得了巨大的成功。它使力学和电动力学协调起来,它减少了电动力学中逻辑上互不相关的假说。它对基本概念作了不可缺少的方法论上的阐述。它把动量守恒律和能量守恒律联系起来,论证了质量和能量的统一。但是它还不能完全令人满意,更不必说还有量子论的问题。迄今为止的所有理论都不能解决这些问题。同经典力学一样,狭义相对论在对待所有的运动状态时,总是偏向一些运动状态——惯性系运动状态。老实说,这种情况比起对单一运动状态给予特殊对待——例如光学的以太理论——更难于接受,因为后者至少还有它的理由——光以太。我们说,更为令人满意的理论应当是不区分任何特殊的运动状态。此外,在惯性系的定义中或惯性定律的表式中存在的不精确性也引起人们的疑问,而且这些疑问非常重要,因为存在着惯性质量同引力质量相等这个经验原理。这将在下面的讨

> 狭义相对论提出后马上被运用于对物质结构的解释等方面,在具体应用和基本理论层面都取得了巨大的成功。但是爱因斯坦看到了狭义相对论的严重不足之处。作为理论提出者,爱因斯坦的心情可以用"知子莫如父"和"望子成龙"这两个成语来描述。其他物理学家只是用狭义相对论来解决他们的具体问题,而爱因斯坦却是要建立一个关照整个物理学整体的无瑕疵的基本理论,所以他又提出了下面描述的广义相对论。

科学建构：
从几何模型到物理世界

江晓原
科学读本

1905年通常称为阿尔伯特·爱因斯坦的"奇迹年"。在那一年，爱因斯坦引发了人类关于物理世界的基本概念（时间、空间、能量、光和物质）的三大革命。一个26岁、默默无闻的专利局职员如何能引起如此深远的观念变革，因而打开了通往现代科技时代之门？当然没有人能够绝对完满地回答这个问题。可是，我们也许可以分析他成为这一历史性人物的一些必要因素。

在1905年提出的狭义相对论，只考虑匀速运动的参考系之间的物理学，建立了一切匀速运动参考系之间的相对性，但没有考虑引力与加速的情形。爱因斯坦希望能够将引力与加速度纳入。或者说，他已经有意识地想超越牛顿了。

爱因斯坦后来回忆说："我正坐在伯尔尼专利局办公室里，脑子忽论中表明。

设 K 是没有引力场的惯性系，K' 是相对于 K 有等加速度的坐标系。质点相对于坐标系 K' 的运动状态就像 K' 是一个有均匀引力场的惯性系一样。根据引力场的已知性质，这样定义惯性系是不合适的。结论只能是：以任意方式运动的任一参考系与其他任意参考系在表示自然规律方面是等效的，就是说，在有限的尺度内一般不存在物理学上特别优越的运动状态（广义相对论）。

要使这种概念建立起来，还需要对几何运动学原理进行比对狭义相对论更为深刻的修改。从狭义相对论得出的洛伦兹收缩将会导致这样一个结论：对于相对某一惯性系 K（没有引力场）作任意运动的坐标系 K' 来说，欧几里得几何定律不适用于描述刚体的位置（相对于 K' 是静止的）。因此，从"概念和判断要有意义"这个要求来说，笛卡尔坐标系也失去了意义。对于时间也是如此。对于 K' 来说，时间不能再用相对于 K' 是静止的全同时钟来确定，也不能用光的传播定律来确定。总之，我们得出这样一个结论：引力场和度规只是同一个物理场的不同表现形式。

我们可以这样来考虑场的表述形式：在一个任意的引力场中，对于每个无穷小的点域可以规定一个没有引力场的局部坐标系。在这种惯性系的意义上我们可以认为，对于无穷小的点域来说，狭义相对论的结果在一级近似上是成立的。在每个时间—空间点上有无限多个这种局部惯性系，它们之间由洛伦兹变换联系起来。洛伦兹变换的性质就是，它使无限接近的两个点事件的"间隔"ds保持不变。ds由下面的方程定义：

$$ds^2 = c^2dt^2 - dx^2 - dy^2 - dz^2。$$

这个间隔可以用尺和时钟来量度。x，y，z，t是对于某局部惯性系测量的坐标和时间。

为了表述有限的时间—空间区域，需要用四维坐标以四个数字x_1，x_2，x_3，x_4单值地表示每个时间—空间点，并且考虑四维流形的连续性（高斯坐标）。这样，广义

然闪现了一个念头：'如果一个人自由下落，那他就感觉不到自己的重力了'。我惊呆了，这个简单的想法给我留下了深刻的印象，它促使我走向引力理论。"

这件事大约发生于1907年11月。爱因斯坦认为这是他一生中最愉快的想法。它最终导致广义相对论在100多年前的1915年11月25日诞生。

相对性原理的数学表式就是：表述普遍自然规律的方程组对于所有的坐标系都是相同的。

局部惯性系的坐标微分可用高斯坐标系的微分 dx 线性地表示，此时两个事件的间隔 ds 可用下面的形式来表示：

$$ds^2 = \sum g_{\mu\nu} dx_\mu dx_\nu \quad (g_{\mu\nu} = g_{\nu\mu})$$

$g_{\mu\nu}$ 是 x_ν 的连续函数，它决定四维流形的度规。ds 被定义为可用刚性的尺和时钟量度的参数值（绝对值）。参数 $g_{\mu\nu}$ 在高斯坐标系中也同样描述引力场。我们已发现，引力场同度规的物理原因是等同的。狭义相对论适用于有限区域的原因在于：适当选取坐标系时，$g_{\mu\nu}$ 在有限区域内同 x_ν 无关。

按照广义相对论，纯引力场中的质点运动定律要用短程线方程来表示。实际上，短程线是数学上最简单的曲线，在 $g_{\mu\nu}$ 为常数的特殊情况下是直线。因此，我们在这里面临的问题是把伽利略惯性定律转换到广义相对论。

场方程的建立，在数学上就是确定引力势 $g_{\mu\nu}$ 所遵从的最简单的广义协变微分方程。根据定义，这些方程不应包含 $g_{\mu\nu}$ 对 x_ν 的高于二阶的导数，并且导数只是线性的。考虑到这个条件，这些方程就是牛顿引力理论的泊松场方程向广义相对论作逻辑转换的结果。

上述这些思想导致建立了把牛顿理论作为一级近似包含在内的引力理论，它可以计算出同观测结果相符合的水星轨道的进动、光线在太阳引力场中的偏转和光谱线的红移。①

为了使广义相对论的基础趋于完善，还必须在这个理论中引进电磁场。根据我们现在的观念，它也应当是用来构成物质的基本材料。麦克斯韦场方程可以毫无困难地用于广义相对论中。如果假设这些方程不包含 $g_{\mu\nu}$ 的高于一阶的导数，并且是以通常的麦克斯韦的形式用于局部惯性系中，那么这种转换完全是单值的，用麦克斯韦方程表述的电磁项来补充引力场方程也不困难。这样，它们就包括了电磁场的引力作用。

这些场方程不是一种物质理论。因此，为了在理论中引进作为场源的有重物质的作用，必须（如同在经典物理学中那样）在理论中引进物质作为近似的现象学表示。

相对性原理的直接结果不限于这些。现在我讲一下有关理论发展的一些问题。牛顿曾意识到，惯性定律有一个方面是不

> 当时对光线在太阳引力场中偏转的验证其实也不十分可靠。详见《科学验证：那些天空及世间的证明》一书中《根据1919年5月29日的日全食观测测定太阳引力场中光线的弯曲》一文导读。

---

① 关于"红移"，同观测结果的相符程度尚不十分可靠。

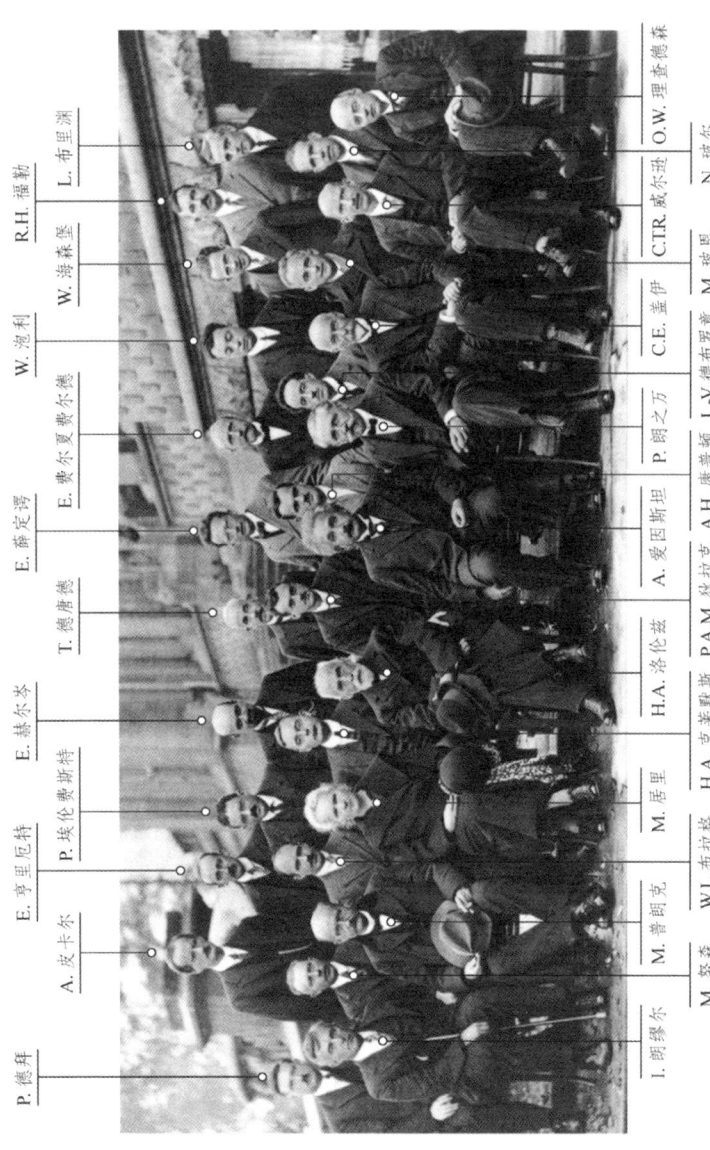

这是物理学史上极负盛名的照片之一。在出席布鲁塞尔1927年第五届索尔维会议的29位科学家中,有17位当时已经或之后成为诺贝尔奖得主

能令人满意的,这就是相对于其他所有的运动状态来说,物理学为什么要把惯性系的运动状态放在特殊位置的真正原因没有表达出来。这就把可观察到的物体看成是质点引力作用的原因,但对质点的惯性却没有说明物质原因而只有设想的原因(绝对空间或惯性以太)。虽然这在逻辑上并非不允许,然而它不能令人满意。由于这个理由,马赫(Mach)曾要求对惯性定律进行这样的修改:惯性应该理解为物体之间的加速运动的阻力,而与"空间"无关。这种解释的结果是:一个被加速的物体应当能够给予别的物体以同样的加速作用(感应加速作用)。根据广义相对论,这种解释似乎很有道理,因为它消除了惯性作用和引力作用之间的差别。这种解释的要求是:$g_{\mu\nu}$场应当完全由物质来决定,摆脱了由于坐标的自由选择而带来的任意性。在广义相对论中,马赫的要求之所以受到重视,还因为根据引力场方程,感应加速作用确实是存在的,尽管它是很弱的作用,以致用力学实验不可能直接发现它。

> 爱因斯坦的广义相对论使得宇宙论问题成为物理学问题。但爱因斯坦认识到的宇宙还是静态的,为了维持这个静态的宇宙,爱因斯坦引入了一个无任何实验依据的项,后来观测证据证明宇宙是在膨胀的,他引入这个项是一生最大的错误。但是最近的观测似乎又暗示确实有这么一个宇宙项,只不过一切还未有定论。

如果把宇宙看作是有限的和封闭的,那么马赫的要求在广义相对论中是可以满足的。这个假设还有可能导致这样一个假设:在有限的宇宙中,物质的平均密度是有限的,而在无限的空间中(准欧几里得的),它应变为零。然而不能不指出,为了满足马赫的假设,必须对场方程引进一个无任何实验依据的项,而方程的这一项在逻辑上又不由方程的其他项所决定。因此,这种"宇宙论的问题"的解决方法尚不能认为是完全令人满意的。

第二个问题,也是当前引起极大兴趣的课题,是引力场和电磁场的统一性问题。存在着两个性质完全互不相关的场,这种情况不符合统一理论的思想。现在已经出现了一种尝试,即在数学上建立一个统一场论。在这个理论中,引力场和电磁场只能被看作是同一个场的两个不同分量或两种不同的表现形式。场方程不应再由逻辑上互不相关的项所组成。

引力理论,在数学形式上即黎曼几何学,它的一般形式应当包括电磁场定律。

> 统一、一致、简单,这是物理学家对理论的要求,某种意义上也是推动科学进步的动力,但这种要求似乎只是出于直觉和偏爱,并无多少逻辑上的依据。

可惜的是，在这方面我们还不能像建立引力理论那样有实验事实的基础（惯性质量同引力质量相等），我们只能提出尚不能摆脱任意性的数学简化判据。以列维－西维塔、韦尔和爱丁顿的思想为基础，用更普遍的仿射联络理论来代替黎曼度规几何，这是目前最成功的工作。

黎曼几何的独特假设是：两个无限接近的点可以用 ds "间隔" 表示，它的平方是坐标微分的二次齐次函数。由此可以得出结论说，（除某些现实性条件外）欧几里得几何在任意无穷小区域都成立。因此，在某一点 P 上的每一个线元（或矢量），可用一任意给定的无限接近的点 P' 的与之平行且相等的线元（或矢量）来表示（仿射联络）。黎曼度规确定了仿射联络。反之，如果数学上给定了仿射联络（无限小的平行变换定律），那么在一般情况下不需要能导出仿射联络的黎曼度规定义。

黎曼几何的最主要的概念是 "空间弯曲"，引力方程是以它为基础的。如果在一个连续统中给定仿射联络，而不是一开始就建立在度规的基础上，那么就得到了黎曼几何的推广，但它仍保留着已导出的最重要的参量。在得出仿射联络所遵从的最简单的微分方程的时候，我们完全有希望把引力方程推广到把电磁场规律也包括进来。这种希望确实是有可能实现的，尽管我们还没有任何新的物理关系式来说明这样得到的关系式是否真的能看作是对物理学的一个充实。在我看来，特别是场论，当它允许把带电基本粒子表述成不含奇点的解的时候，它才能认为是令人满意的。

最后请不要忘记，关于电的基本结构的理论不应当同量子论问题割裂开来。对于这个最深刻的现代物理学问题，相对论暂时还显得无能为力。不管怎样，即使将来有一天由于量子论问题得到解决，使一般方程的形式有了进一步的深刻变化，哪怕是完全改变了我们用来描述基本过程的量，相对性原理也不会被放弃，用它推导出的定律也将作为极限定律而保留着它的重要意义。

选自《诺贝尔奖获得者演讲集·物理学》第一卷，
宋玉升等译，科学出版社，1985年。

最初三分钟

史蒂文·温伯格

| 导读 |

迄今为止,所有关于宇宙起源的模型,都是无法直接获得验证的。温伯格在本文中所描述的"宇宙的最初三分钟"当然也不例外。本文对宇宙创生早期的描述,尽管属于很长时间占据"主流"地位的学说,但同样建立在猜测的基础之上。现今的各种宇宙模型中,主流的"大爆炸"模型相对来说有较多的间接验证,其他各种模型在验证方面得分更差。

所谓间接验证,是指这样的情况,比如就用温伯格在本文中举的例子:如果宇宙像"大爆炸"模型所描述的那样创生,那么我们应该能测得"氦丰度"为20%—30%,结果测到了这样的氦丰度,我们就认为这是对"大爆炸"模型的验证。但事实上,我们无法排除在另外的宇宙模型中也会产生20%—30%氦丰度的可能性,所

温伯格

以这样的验证只能视为间接验证。

如果我们能够时空旅行,回到宇宙创生的某一时刻实施测量、记录和描述,那我们也许就不需要猜测性的宇宙创生模型了,我们当然也就很容易判断"大爆炸"模型是不是正确的模型了。但遗憾的是,根据现有的知识,人类不可能在"大爆炸"宇宙模型最初三分钟的环境中生存,况且时空旅行在可见的将来也只是幻想,所以人类很可能永远不会有机会验证任何一种宇宙创生模型的真实性。

我们现在可以关注宇宙在最初三分钟的演变过程了。事件在开始时的发展变化比后来要快得多,所以,像普通电影那样,以相等的时间间隔来显示画面是没有用的。相反,我将根据宇宙的温度的下降,来调整影片的速度,当温度下降大约3个因数时,停下摄像机,选取一个画面。

遗憾的是,我不能从零时间和无穷高的温度条件下开始电影的放映。当阈值温度高于15 000亿K(1.5×10^{12} K)时,宇宙中会包含大量被称为 π 介子的粒子，其质量约为一个核粒子的 $\frac{1}{7}$。与电子、正电子、μ 介子和中微子不一样的是，π 介子之间以及它与核粒子之间的相互作用非常强——实际上，正是 π 介子在核粒子当中连续交换，才能够使原子核聚集在一起。这种能够产生强烈相互作用的粒子大量存在，使在超高温条件下计算物质性能变得超乎寻常的困难，为了避免遇到这种特别难的数学题目，我在本章中会从开始后的大约 0.01 s 开始进行讲述，那时，温度已经冷却到仅有 1 000 亿 K，完全低于 π 介子、μ 介子和所有较重粒子的阈值温度。

在第 7 章中，我会简单讨论一下理论物理学家认为的在更接近最初那段时间的时期里有可能会发生的事情。

在对这些有了一定了解后，我们现在要开始播放影片了。

（1）第一个画面

宇宙温度为 1 000 亿 K（10^{11} K），描述此时的宇宙，比将来任何时间描述的宇宙要简单得多、容易得多。宇宙中充斥着一种无差别物质和辐射场，其中的每个粒子都与其他粒子迅速地发生碰撞。因此，尽管它的膨胀速度非常快，但宇宙仍处于一种接近完美的热平衡状态。因此，宇宙成分是由统计力学的规则确定的，它们与第一个画面之前所发生的任何事情都毫无关系。我们所需要了解的是，温度为 10^{11} K，守恒量——电荷、重子数、轻子数——都非常小，或者为零。

科学建构： 江晓原
从几何模型到物理世界 科学读本

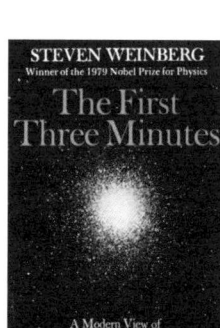

《最初三分钟》原版书影

数量丰富的粒子是指那些阈值温度低于 10^{11} K 的粒子；包括电子及其反粒子、正电子，当然还包括那些质量为零的粒子，如光子、中微子和反中微子。宇宙密度非常大，以至于连中微子都能够在铅块中穿行数年而不被驱散，并且能够通过与电子、正电子和光子之间的迅速碰撞，以及它们彼此之间的迅速碰撞来保持热平衡状态。（另外，当我说中微子和反中微子时，有时会简称为"中微子"。）

另一个非常简单的地方是——10^{11} K 的温度，要远高于电子和正电子的阈值温度。因此，这些粒子、光子和中微子的运行方式就像若干不同种类的辐射一样。那么，这些不同种类的辐射的能量密度是多少呢？电子和正电子提供的总能量为光子的 $\frac{7}{4}$，中微子和反中微子提供的能量与电子和正电子提供的能量相等。因此，在该温度条件下，总能量密度大于纯电磁辐射的能量密度，其系数为：

$$\frac{7}{4} + \frac{7}{4} + 1 = \frac{9}{2}$$

斯蒂芬-玻尔兹曼定律（参见第3章）给出了在 10^{11} K 温度条件下的电磁辐射的能量密度，即 4.72×10^{44} eV/L，因此，在该温度条件下，宇宙的总能量密度为 $\frac{9}{2}$，或 21×10^{44} eV/L。该能量密度相当于每升 38 亿 kg 的质量密度，或在正常地球条件下，水密度的 38 亿倍（当我说一个特定能量相当于一个特定质量时，当然是说，这是在质量被完全转换成能量的情况下，根据爱因斯坦公式 $E=mc^2$ 得出的能量释放量）。如果珠穆朗玛峰是由这一密度的物质组成的，那它的引力能摧毁整个地球。

第一个画面中的宇宙正在迅速膨胀，不断冷却。其膨胀率由下述条件决定，即宇宙的每一点都恰好以逃逸速度远离任意中心。在第一个画面中，密度非常大，逃逸速度也相应地变大——宇宙膨胀的特征时间约为 0.02 s（"膨胀特征时间"大致为宇宙规模扩大 1% 所需时间长度的 100 倍。更准确地说，任何时期的膨胀特征时间都是那个时期哈勃"常数"的倒数。正如第 2 章所述，宇宙的年龄永远小于膨胀特征时间，因为引力使膨胀速度不断减慢）。

在第一个画面中有少量核粒子，大约每 10 亿个光子或电子或中微子对应一个质子和中子。为了最终能够预测在早期宇宙中形成的化学元素的丰度，我们还需知道质子和中子的相对比例。中子比质子稍重，二者之间的质量差相当于 129.3 万 eV 的能量。然而，在 10^{11} K 的温度条件下，电子、正电子等的特征能量要大得多，约为1 000万eV（玻尔兹曼常数乘以温度）。因此，中子或质子与数量大得多的电子、正电子等发生碰撞，会使质子迅速转化成中子；反之亦然。其中，最重要的反应是：

反中微子加质子产生正电子加中子（反之亦然）；

中微子加中子产生电子加质子（反之亦然）。

如果我们假设，净轻子数和每个光子电荷非常小，那中微子和反中微子数量相差无几，正电子和电子数量也相差无几，因此，质子转化成中子的转化速度与中子转化成质子的转化速度也相差无几（在这里，中子的放射性衰变可以忽略不计，因为衰变过程大约需要15 min，而我们现在正在研究的时间范围是数0.01 s）。因此，平衡要求在第一个画面中的质子数和中子数大致相等。这些核粒子还没有集结成核；彻底分裂一个典型核所需的能量仅为每核粒子600万至800万eV，这比10^{11} K温度下的热特征能量小，因此，复杂核的摧毁速度要比起形成速度快。

通常，人们会问宇宙在最早的时候有多大。遗憾的是，我们对此并不知情，甚至不能确定这个问题是否有意义。正如在第2章中指出的那样，宇宙现在很有可能是无穷的，在这种情况下，宇宙在第一个画面中也应该是无穷的，并且会永远无穷下去。另一方面，宇宙现在有可能有一个有穷的周长，有时人们预估这个周长约为1 250亿光年（这个周长是一个人沿直线旅行，又重新返回起点所需的距离。这个预估值是根据哈勃常数的现值确定的，根据我们提出的假设，宇宙密度约为其"临界"值的两倍)。由于宇宙温度的降低与宇宙规模成反比,因此,在第一个画面中,宇宙的周长小于当今宇宙的周长,缩小的比例为当时温度(10^{11} K)与当前温度(3 K)之间的比率;这样得出的在第一个画面中的宇宙周长约为 4 光年。在宇宙最初几分钟的演化情况中,没有一个细节依赖于宇宙周长是否为无穷,或仅为几光年。

(2)第二个画面

宇宙温度为 300 亿 K(3×10^{10} K)。自第一个画面以来,0.11 s 已悄然逝去。从质上讲,没有发生任何变化——宇宙主要成分仍包括电子、正电子、中微子、反中微子和光子,它们均处于热平衡状态,远高于其阈值温度。因此,能量密度简单地按照温度的四次方下降,约为普通水静止质量所含能量密度的 3 000 万倍。膨胀速度根据温度的平方下降,因此,现在宇宙的膨胀特征时间已延长了大约 0.2 s。少量核粒子仍未集结成核,但随着温度的降低,较重的中子转化成较轻的质子要比较轻的质子转化成较重的中子容易得多。因此,核粒子平衡变成了 38% 的中子和 62% 的质子。

(3)第三个画面

宇宙温度为 100 亿 K(10^{10} K)。自第一个画面以来,1.09 s 已悄然逝去。大约在这时,不断减小的密度和不断降低的温度已经大大增加了中微子和反中微子的平均自由时间,它们开始像自由粒子那样运行,而不再与电子、正电子,或光子保持热平衡状态。从那时起,它们便不再在我们的故事中扮演任何积极的角色了,除非它们的能量会不断为宇宙的引力场提供场源。当中微子不再处于热平衡状态后,没有发生任何大的变化(在发生这个"去耦"前,典型中微子波长与温度成反比,由于温度的降低与宇宙规模成反比,中微子波长的增加则直接与宇宙规模成正比。中微子去耦后,它会自由地膨胀,但一般性红移的波长拉长仍会与宇宙规模成正比。顺便说一句,这说明,确定中微子去耦的准确瞬间并不十分重要,因为它取决于中微子相互作用理论的细节,而这些细节到目前还没有彻底解决)。

总能量密度比第一个画面时的总能量密度小,减小的数值为温度比率的四次方,现在它相当于水的质量密度的38万倍。宇宙的膨胀特征时间已相应地增加至大约 2 s。现在的温度仅为电子和正电子阈值温度的两倍,因此,它们刚刚开始湮灭过程,被湮灭的速度比它们从辐射中被创造出来的速度要快得多。

此时,温度仍过高,中子和质子还未能集结成原子核,并保持相当长的时间。温度不断降低,这使质子-中子平衡转变为24%的中子和76%的质子。

(4)第四个画面

宇宙温度为 30 亿 K。自第一个画面以来,13.82 s 已悄然逝去。这时的温度比电子和正电子的阈值温度低,因此,作为宇宙的主要组成成分,它们开始迅速消失。在其湮灭过程中所释放的能量已经使宇宙冷却的速度减缓,因此,从这个额外热量中得不到任何能量的中微子,温度比电子、正电子和光子低8%。从那时起,当我们谈到宇宙温度时,实际上是指光子的温度。随着电子和正电子迅速消失,宇宙能量密度比它仅以温度的四次方降低时的能量密度多少要小一些。

由于这时的温度非常低,各种稳定的核,如氦(^{4}He)得以形成,但这不会立即发生。因为宇宙仍在迅速膨胀,只有在一系列迅速的双粒子反应中才能形成核。例如,一个光子和一个中子可以形成一个重氢核或氘,多余的能量和动量被光子带走。然后,氘核可以与一个质子或一个中子碰撞,形成一个轻同位素核,氦三(^{3}He),由两个质子和一个中子组成。或者,在碰撞过程中可以形成最重的氢同位素,即氚(^{3}H),氚由一个质子和两个中子组成。最后,氦三能够与一个中子发生碰撞,氚能够与一个质子发生碰撞,在这两种情况下,都会形成一个寻常氦核(^{4}He),这个寻常氦核由两个质子和两个中子组成。但为了确保能发生这一反应链,需要从第一步,即氘的生成开始。

这时,寻常氦是一种结合牢固的核,正如我曾说过的,它的确能够在第三个画面温度条件下结合在一起。然而,氘和氦三的结合要松散得多,特别是氘(将氘核分裂开来的能量,仅为将单个核粒子从氦核中分离出来所需能量的)。在第四个画面中,温度为3×10^9 K,在这样的温度条件下,氘核一经形成,便会爆炸,因此,无法形成稍重的核。中子仍在被转化成质子,尽管转化速度比以前要慢得多,现在的平衡为17%的中子和83%的质子。

（5）第五个画面

宇宙温度为 10 亿 K（10^9 K），仅比太阳中心的温度高大约 70 倍。自第一个画面以来，3 分 02 秒已悄然逝去。大部分电子和正电子已消失，这时的宇宙主要组成成分包括质子、中微子和反中微子。在电子－正电子湮灭过程中所释放的能量，使光子的温度比中微子的温度要高大约 35%。

这时，宇宙温度已经非常低，以至于能使氚、氦三和寻常氦核结合在一起，但"氘瓶颈"仍在发生作用：氘核结合的时间不够长，无法形成数量可观的较重的核。这时，中子和质子与电子、中微子及其反粒子发生的碰撞已基本停止，但自由中子的衰变开始变得重要起来；每隔 100 s，剩余中子中就有 10% 会衰变成质子。这时，中子－质子平衡为 14% 的中子，86% 的质子。

稍后。在第五个画面后不久的某个时间，发生了一个剧烈事件：温度不断降低，直到氘核能结合在一起。一旦通过了"氘瓶颈"，通过第四个画面所述的双粒子连锁反应，能够迅速形成较重的核。然而，由于其他瓶颈的缘故，在这一过程中没有大量形成比氦更重的核：没有包括 5 个或 8 个核粒子的稳定的核。因此，一旦达到可以形成氘的温度，那么，几乎所有的剩余中子都会被立即烹饪成氦核。使这一事件发生的准确温度，在很小的程度上取决于每个核粒子的光子数量，因为在粒子密度高的情况下，比较容易形成核（这也是我为什么要把这个时刻称为第五个画面"稍后"的原因，虽然这种称呼不甚准确）。如果每个核粒子包含

10个光子，那么，核合成将在温度达到9亿K（0.9×10^9 K）时开始。这时距离第一个画面已过去了3分46秒（读者会原谅我把这本书称为《最初三分钟》，虽然这种说法不甚准确，但它比《最初三又四分之三分钟》要好听一些）。核合成之前，中子的衰变会使中子-质子平衡转变成13%的中子，87%的质子。核合成之后，氦质量的比率刚好等于结合成氦的所有核粒子的比率；其中一半是中子，基本而言，所有中子都能结合成氦，因此，氦质量的比率是核粒子中子比率的两倍，或约26%。如果核粒子的密度稍高一点，核合成开始得就会稍早一点，当没有那么多的中子发生衰变时，生成的氦就会稍多一些，但也不太可能超过28%的质量，如下页图所示。

现在，已经到达并超过了我们的计划放映时间，但为了更好地说明已经完成的成果，让我们最后看一下温度再次降低后的宇宙。

（6）第六个画面

宇宙温度为3亿K（3×10^8 K）。自第一个画面以来，34分40秒已悄然逝去。除少量（10^{-9}）需要保持质子电荷平衡的多余电子外，电子和正电子都已完全湮灭。在湮灭过程中所释放的能量已使质子的温度比中微子的温度永远高40.1%。这时，宇宙的能量密度相当于水的质量密度的9.9%，其中，31%表现为中微子和反中微子，69%表现为光子，该能量密度使宇宙的特征膨胀时间约为1小时15分。核进程已停止——这时，大多数核粒子已结合成氦核，或

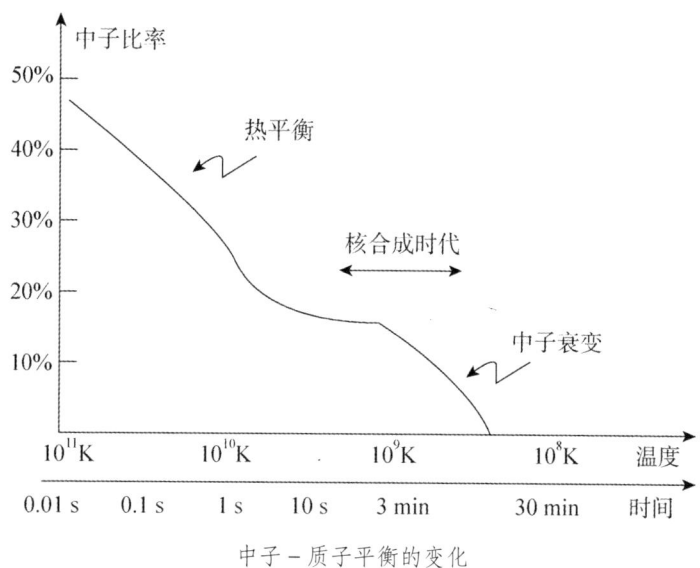

中子 – 质子平衡的变化

中子与所有核粒子的比率是作为温度和时间的函数显示的。曲线中标有"热平衡"的部分描述了在高密度和高温度下，所有粒子保持热平衡的时期；这里的中子比率可以根据中子–质子质量差，使用统计力学规则计算得出。曲线中标有"中子衰变"的部分描述了除自由中子的放射性衰变外，所有中子–质子转化过程都已停止的时期。曲线的中间部分由弱相互作用转变速度的详细计算结果决定。曲线的虚线部分说明了核在某种程度上无法形成时会出现的情况。实际上，用箭头标注的"核合成时代"的某个时期，中子迅速结合成氦核，中子–质子比率被冻结在当时的数值上。另外，本曲线还可用来预估宇宙学生成的氦的比率（按质量）：对温度或核合成时间的任意特定值来说，它刚好是当时中子比率的两倍变成自由质子（氢核），按质量氦占22%—28%。虽然每个自由质子或结合质子都对应着一个电子，但宇宙温度仍然非常高，以至于稳定的核无法结合在一起。

宇宙将会继续膨胀、冷却，但在700 000年中将不会发生许多令人感兴趣的事情。那时，温度会降低，使电子和核能够形成稳定的原子；由于缺少自由电子，宇宙成分会变得可为辐射穿透；物质和辐射的去耦将会使物质开始形成星系和恒星。再过100亿年左右，生命体将开始重新建构这个故事。

从对早期宇宙的如此描述中可以得出一个结论，而我们可立即根据观测结果对这个结论进行检验：从最初三分钟残留下来的物质包含22%—28%的氦，除此之外，其余大多数是静止的氢。恒星起初一定是由这些从最初三分钟残留下来的物质形成的。正如已经看到的那样，我们是在假设光子与核粒子之间的比率非常大的基础上得出这个结论的。而这一假设反过来是根据当今宇宙微波辐射背景测量得出的温度为3 K得出的。在彭齐亚斯和威尔逊发现微波背景后不久，1965年，P. J. E. 皮布尔斯在普林斯顿利用测量得出的辐射温度第一次进行宇宙学温度的计算。几乎在同一时间，罗伯特·瓦格纳、威廉姆·福勒和弗雷德·霍伊尔使用一种更为详尽的计算方式独立计算，也得出了类似的结果。对于标准模型而言，这个结果代表着巨大的成功，因为当时已经有人进行了大胆预测，认为太阳和其他恒星开始自己的生命时，其主要组成成分的确是氢，而氦占20%—30%。

当然，氦在地球上极少，这是因为氦原子太轻，化学惰性较大，大部分氦原子在很久之前便逃离地球了。我们可以根据以下内容来预估宇宙中的初生氦丰度：比较恒星演化的详细计算结果与所观测到的恒星特性的统计分析，直接观测在炽热恒星和星系物质光谱中的氦线。实际上，正如其名所示，J.诺曼·洛克耶在1868年进行的太阳大气光谱研究中，第一次证明氦是一个元素。

20世纪60年代初期，一些天文学家发现，星系中氦的丰度非常大，另外，它还不像较重元素的丰度那样，随地点而发生很大变化。当然，如果重元素是在恒星中生成的，那结果就可能如我们所预计的那样，但氦是在早期宇宙中生成的，那时，任何恒星都还没有开始被烹饪。虽然在预估核丰度时，仍存在大量不确定性和变量，但关于20%—30%初生氦的证据却非常充分，足以给标准模型的支持者们以极大的鼓励。

除在最初三分钟即将结束时生成的大量氦外，还存在较轻的核的痕迹，主要是没有被结合成寻常氦核的氘（包含一个多余中子的氢）和轻氦同位素 ^{3}He（瓦格纳、福勒和霍伊尔于1967年首次就其丰度进行了计算）。与氦的丰度不同的是，氘的丰度在很大程度上受核合成期间核粒子密度的影响：密度越大，核反应速度越快，几乎所有氘都会被烹饪成氦。更准确地说，这里是瓦格纳根据光子和核粒子比率的3个可能数值，给出的在早期宇宙中生成的氘的丰度数值，见下表。

表　氦的丰度数值

光子/核粒子	氦的丰度（每百万分之……）
1亿	0.000 08
10亿	16
100亿	600

显然，如果能够确定在恒星烹饪开始之前就存在的初生氦的丰度，那我们就能准确地确定光子 - 核粒子比率；已知当前的辐射温度为 3 K，就能准确地确定当前宇宙的核质量密度，并判断宇宙是开放的还是封闭的。

遗憾的是，真正确定初生氦的丰度并非易事。在地球上，水中所含的氘的质量丰度的典型值是百万分之一百五十（如果我们能够很好地控制热核反应，就可以使用氘为热核反应堆提供动力）。然而，这是一个有偏数字；氘原子的质量是氢原子质量的两倍，从一定程度上讲，这使氘原子更有可能结合成重水分子（HDO），这样的话，逃离地球引力场的氘就会比氢的比例少。另一方面，光谱学说明，太阳表面的氘的丰度非常低——小于百万分之四。这同样也是一个有偏数字——太阳外部区域的氘大多已被摧毁，与氢结合成为氦等。

1973 年，从哥白尼号人造地球卫星上进行的紫外线观测，使我们对于宇宙氘的丰度的了解有了一个更为坚实的基础。氘原子同氢原子一样，能够在某些不同的波长上吸收紫外线，相当于原子从低能状态被激发至高能状态的跃迁。这些波长在很小的程度上取决于原子核的质量，因此，一颗恒星的紫外光谱会与许多黑色吸收线交叉，每条线都分为两个组成部分：一部分来自氢，一部分来自氘。在紫外线光谱中，紫外线会穿过氢和氘的星际混合体到达我们。根据吸收线任何两个组成部分的相对黑暗程度，可立即得出星际云中氢和氘的相对丰度。遗憾的是，由于地球大气的缘故，在地球上进行任何类型的紫外线天文观测都非常困难。哥白尼号卫星上携带着一个紫外线光谱仪，用来研究炽热恒星半人马座 β 光谱中的吸收线；根据其相对强度，我们发现位于我们和半人马座 β 之间的星际介质含有约百万分之二十（按质量）的氘。近期，在人们对其他炽热恒星光谱中的紫外吸收线所作的更多的观测中，也得出了类似的结论。

如果这百万分之二十的氘的确是在早期宇宙中被创造出来的，那每个核粒子一定曾经（现在）对应着约 11 亿个光子（见上页表）。在当今宇宙辐射温度 3 K 条件下，每升对应着 550 000 个光子，因此，现在每百万升一定对应着约 500 个核粒子。这个数字远远小于封闭宇宙的最小密度，正如我们在第 2 章中所看到的，封闭宇宙的最小密度约为每百万升 3 000 个核粒子。因此得出结论，宇宙是开放的；即星系正以高于逃逸速度的速度运行，宇宙将永远膨胀下去。如果某些星际介质曾经在意欲摧毁氘的恒星中（如在太阳中）受过处理，那么，宇宙生成的氘的丰度一定曾经大于在哥白尼号卫星上所发现的百万分之二十，因此，核粒子的密度一定小于每百万升 500 个粒子，这进一步证实了我们生活的宇宙是开放的，并且会永远膨胀下去。

我必须说，我个人认为这个论点非常缺乏说服力。氘不同于氦——即使其丰度看似大于相对密度较高的封闭宇宙，但从绝对意义上讲，氘仍是非常罕见的。我们可以认为，这么多的氘是在"近期"的天文物理现象——超新星、宇宙射线，甚至是类星体中生成的。但氦并不是这样；在没有释放我们还未观测到的大量辐射的情况下，20%—30%氦的丰度不可能在近期被创造出来。有人认为，在没有生成大量其他稀有轻元素：锂、铍和硼的情况下，任何传统天体物理机制都不可能生成在哥白尼号上所发现的百万分之二十的氘。但我不知道如何才能确定氘的痕迹不是由某些人们还没有认识到的非宇宙机制生成的。

早期宇宙中还有另外一个残留物环绕在我们周围，但又仿佛不可能观测到。在第三个画面中我们已经看到，自宇宙温度降低到100亿K以下以来，中微子的行为方式就像自由粒子一样。在此期间，中微子的波长不断伸长，伸长幅度与宇宙规模成正比；因此，中微子的数量和能量分布保持一致，正如它们处于热平衡状态，但其温度降低却与宇宙规模成反比。这恰好与在此期间光子发生的情况大致相同，尽管光子保持在热平衡状态的时间远比中子要长得多。因此，当前的中微子温度应大致等于当前的光子温度。因此，在宇宙中，每个核粒子大约对应着10亿个中微子和反中微子。

在这一点上做到更为精确是可能的。在宇宙变得可为中微子穿透后不久，电子和正电子开始湮灭，使光子而不是中微子的温度升高。结果，当前的中微子温度应稍低于当前的光子温度。人们很容易就能够通过计算得出，中微子的温度比光子的温度低一个 4/11 立方根的系数，或 71.38%；中微子和反中微子向宇宙提供的能量为光子的 45.42%。尽管我没有明确说明，但之前引用宇宙膨胀时间时，我都把多余的中微子能量密度考虑在内了。

关于早期宇宙标准模型最令人震惊的证据就是检测到了中微子背景。我们已经就其温度作出了明确的预测，认为其温度是光子温度的 71.38%，或仅约 2 K。在中微子的数量和能量分布中，唯一在现实中还无法确定的理论点是轻子数密度是否很小这一问题，正如我们一直以来所假设的那样（记住，轻子数是中微子和其他轻子数减去反中微子和其他反轻子数得出的数值）。如果轻子数密度像重子数密度一样小，那么中微子和反中微子数应彼此相等，为 10^9。另一方面，如果轻子数密度比得上光子数密度，那就会出现"简并"，即中微子（或反中微子）过多，而反中微子（或中微子）却不足。这种"简并"会影响不断变化的中子-质子在最初 3 分钟内的平衡，从而改变在宇宙中生成的氦和氘的数量。对 2 K 宇宙中微子和反中微子背景的观测，会立即解决宇宙中是否存在大量轻子的问题，但更为重要的是，这会证明在早期宇宙中的确存在标准模型。

原来，中微子与普通物质的相互作用是如此微弱，以至于没有人能够想出任何方法来观测 2 K 宇宙中微子的背景。这的确是个让人非常焦虑的问题：每个核粒子对应着 10 亿个中微子和反中微子，但却没有人知道如何才能检测到它们！或许有朝一日，有人会知道。

在听我讲述最初三分钟的时候,读者也许会觉得,我在讲述科学问题时,口气过于自信。读者这样想也许是对的。然而,我不认为只要永远保持开放的头脑就能一直推动科学前进。通常,我们需要忘记疑虑,不论我们的假设结果如何,接受它们——最重要的事情不是摆脱理论偏见,而是建立正确的理论偏见。对于任何理论看法的检验,都取决于其产生的结果。早期宇宙的标准模型已取得一定成功,它为将来的实验项目提供了一个清晰的理论框架。这并不意味着它是正确的,但这的确意味着它是值得我们认真对待的。

然而,有一个非常重大的不确定性就像一团乌云一样笼罩着标准模型。本章所描述的计算结果都是以宇宙学原理为基础的,该原理假设,宇宙是均匀的、各向同性的("均匀"指对于所有被宇宙的普遍膨胀所携带着运动的观测者而言,无论身在何处,宇宙都是一样的;"各向同性"指对于这样一个观测者而言,宇宙在各个方向都是一样的)。根据直接观测结果,我们得出,宇宙微波辐射背景在我们周围具有极高的各向同性,根据此结论,我们可以推断出,自从辐射在大约 3 000 K 的温度上与物质失去平衡以来,宇宙一直具备非常高的各向同性和均匀性。但是,我们并无证据证明宇宙学原理同样适用于更早的时期。

起初,宇宙有可能既不均匀,又是各向异性的,但随后被膨胀宇宙的各个部分相互摩擦所产生的力磨平。马里兰大学的查尔斯·米斯纳非常推崇这样一种"混合大师"模型。甚至存在这样一种可能性,由于宇宙的摩擦均匀性和各向同性所产生的热,使光子和核粒子的当前比率巨大,达到10亿∶1。然而,据我所知,还没有人能够说明宇宙为何在起初有着各种具体程度的不均匀性和各向异性,也没有人能够说明如何计算它在磨平过程中产生的热。

我认为,对这些不确定性的正确反应,不是(像有些天文学家可能喜欢的那样)抛弃标准模型,而是认真对待标准模型,并全面考虑其结果。迄今为止,我甚至还无法确定,起初的巨大各向异性和不均匀性是否会对本章所论述的观点产生重大影响。宇宙有可能在最初几秒就被磨平;在这种情况下,我们可以假设宇宙学原理一直有效,计算在宇宙中生成的氦和氘。即使宇宙的各向异性和不均匀性一直延续到氦合成时代以后,任何均匀膨胀着的团块中生成的氦和氘也仅仅依赖于团块内的膨胀速度,与在标准模型中计算得出的氦和氘可能不会有太大差别。甚至还存在这样一种可能性,当我们一直追溯到核合成时期所能看到的整个宇宙时,发现它仅仅是一个更大的不均匀的、各向异性的宇宙中的一个均匀的和各向同性的块。

当我们追溯宇宙的初始状态或展望宇宙的最终结局时,宇宙学原理中存在的不确定性就变得重要起来。在第6章和第7章中,我会一直使用这一原理。然而,必须得承认,这个简单的宇宙学模型有可能只描述了宇宙的一小部分,或宇宙史的一段有限时期。

选自《最初三分钟》第5章,[美]史蒂文·温伯格著,
王丽译,重庆大学出版社,2015年。

《黑洞与时间弯曲》(节选)①

基普·索恩

第 14 章 虫洞和时间机器

为了洞察物理学定律,作者问:
高度发达的文明
能在超空间凿开虫洞
作快速星际旅行
并从时间机器回到过去吗?

虫洞和奇异物②

上完 1984—1985 学年的最后一堂课,我坐进办公室的椅子,想好好放松一下。这时,电话铃响了,是我多年的老朋友、康奈尔大学天体物理学家卡尔·萨根(Carl Sagan)打来的。"基普,打扰了!"他说,

---

① 本篇可与后文《我凭什么相信我说的——读基普·索恩〈黑洞与时间弯曲〉》一起阅读。
② 这一章主要是照索恩个人的观点写的,所以索恩注明:本章不像其他章节那么客观;而且对别人的研究讲得很少,很不全面。

"我刚写完一本小说,讲人类第一次同外星文明打交道。不过有点儿麻烦。我想尽量把科学的东西写得准确一些。我怕把某些引力物理的东西弄错了,你能替我看看吗?"我当然愿意。卡尔是个聪明的伙计,那书一定很有意思,而且还可能很逗人。再说,老朋友的请求,我怎么能不答应呢?

几个星期后,小说寄来了。隔行打印的稿子,三英寸半厚的一摞。

我和前妻琳达(Linda)和我们的儿子布里特(Bret)正要去圣克鲁斯看大学毕业的女儿卡丽丝(Kares)。我把书稿塞进旅行包,放在琳达的野马车后座上,从帕萨迪纳出发了。

琳达和布里特轮流开车,我一边看书一边思考。(他们跟我在一起生活了多年,已经习惯我的这种行为了。)小说很逗人,但卡尔确实有点儿问题。他让他的女主角阿洛维(Eleanor Arroway)落进地球附近的一个黑洞,然后穿过超空间,一小时后出现在 26 光年远的织女星旁。卡尔不是相对论专家,不熟悉微扰计算的结果[①]:不可能从**一个黑洞的中心穿过超空间到我们宇宙的另一部分**。任何黑洞都不断受电磁真空小涨落和少量辐射的攻击。这些涨落和辐射落进黑洞时,被黑洞引力加速到巨大能量,然后暴雨般落向可能被人们借以穿越超空间的任何"封闭小宇宙"或"隧道"或宇宙飞船。计算不容置疑,任何做超空间旅行的飞船都会

---

① 见《黑洞与时间弯曲》第 13 章"最佳猜想"一节。

《黑洞与时间弯曲》(节选)

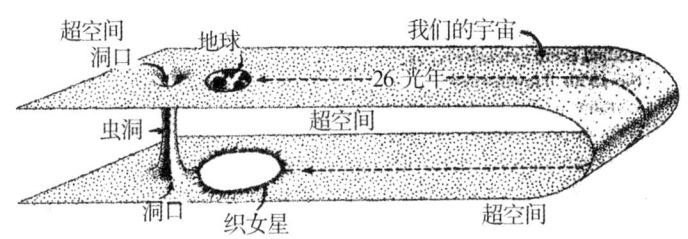

通过超空间连结地球和 26 光年外的织女星的 1 千米长的虫洞

在启动前就被"暴雨"摧毁。卡尔的小说得改。

从圣克鲁斯回来,在 5 号州际公路上弗雷斯诺西边的某个地方,我突然闪出一个念头,也许,卡尔可以把他的黑洞换成穿过超空间的**虫洞**。

虫洞是宇宙中相距遥远的两点间的一条假想捷径。它有两个洞口,例如,一个在地球附近,另一个在 26 光年外织女星轨道附近。两个洞口通过超空间的隧道相联结(虫洞),可能只有 1 千米长。假如我们从地球附近的洞口走进隧道,只经过 1 千米,就到达另一洞口,出现在(从外面的宇宙看来)26 光年远的织女星旁。

上图用嵌入图画了这样一个虫洞。与通常的嵌入图一样,在这个图中,我们的宇宙也理想化为二维的,而不是三维的。宇宙的空间在图中表现为一张二维面。在纸上爬行的蚂蚁感觉不到纸是平整的还是褶皱的,同样,宇宙中的我们也不太清楚我们的宇宙在超空间里是平直的还是像图中那样弯曲的。然而,有一点褶皱也是重要的,这样地球和织女星才可能在超空间里相邻,从而才可能通过很短的虫洞联结起来。空间有了虫洞,我们就和在嵌入图的曲面上爬行的蚂蚁和小虫那样,有两条可能的从地球到织女星的道路:沿着外面宇宙的 26 光年的长路和穿过虫洞的 1 千米的捷径。

假如虫洞在地球上,那么洞口在我们面前像什么样子呢?在嵌入图的二维宇宙中,洞口画成了圆,因此在我们的三维宇宙里,它应该是圆的三维表象,也就是一个球。实际上,洞口可能有点像无旋转黑洞的球状视界,不过有一个重要的区别:黑洞的视界是"单向"曲面,任何事物都能进去,但没有东西可以出来。而虫洞口是"双向"曲面,我们能从两个方向穿过它,可以走进洞里,也可以回到外面的宇宙。向球状洞口内看,可以看见来自织女星的光。光从织女星附近的洞口进入虫洞,像穿过光导管和光纤那样穿过它,然后从地球的洞口穿出来,射进我们的眼睛。

虫洞不仅是科幻小说家凭空想象的东西,早在 1916 年就从数学上在爱因斯坦场方程的解里发现它了。那时,爱因斯坦的场方程刚建立几个月。后来,在 20 世纪 50 年代,惠勒和他的研究小组又用不同的数学方法对它们进行过广泛的研究。不过,在我 1985 年在 5 号公路旅行以前,所发现的那些作为爱因斯坦方程的解的虫洞,没有一个适合于萨根的小说,因为没有谁能够安全穿越它们。它们每一个都随时间奇怪地演变:虫洞在某个时刻产生,短暂地打开,然后关闭、消失——从产生到消失,时间极短,没有事物(人、辐射或任何形式的信号)能在这么短的时间内从一个洞

《黑洞与时间弯曲》(节选)

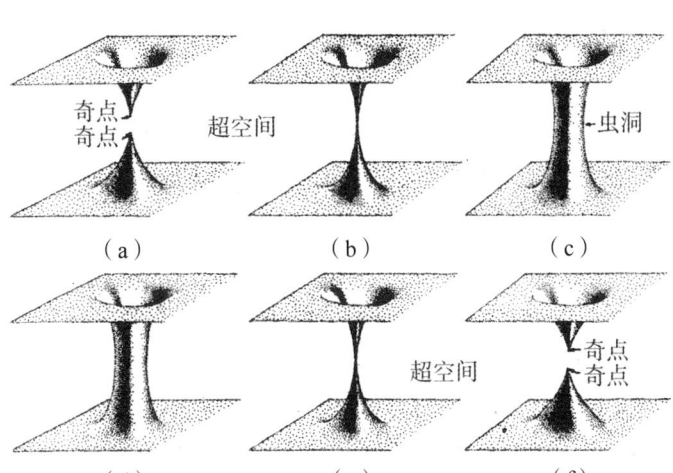

（a）　　　　　（b）　　　　　（c）

（d）　　　　　（e）　　　　　（f）

洞内无任何物质的完全球状虫洞的演化。(这个演化过程是普林斯顿大学惠勒的年轻助教克鲁斯卡(Martin Kruskal)在20世纪50年代中期从爱因斯坦场方程的解中发现的。)初始时(a)，没有虫洞，在地球和织女星附近各有一个奇点。然后，在某一时刻(b)，两个奇点在超空间里生长、相遇，然后湮灭，在湮灭中生成虫洞。虫洞周长在(c)增大，然后又收缩(d)，最后消失(e)，产生两个奇点(f)，就像虫洞产生前的样子——但有一点决定性的不同：初始奇点(a)像大爆炸，时间从它流出，它也能生成某些事物：大爆炸产生宇宙，初始奇点产生虫洞。而最后的奇点(f)不一样，它像大收缩(第13章)，时间流进它，万物被它毁灭：大收缩毁灭宇宙，它毁灭虫洞。任何企图在虫洞打开的短暂时间里穿过去的事物，都将在虫洞关闭时被捕获，随它自身一起消失在最后的奇点(f)

口穿过它到达另一个洞口。谁想去试试，一定会在它的消失中毁灭。上图画了一个简单的例子。

科学建构：
从几何模型到物理世界

江晓原
科学读本

几十年来，我和大多数物理学同行一样，也在怀疑虫洞。照爱因斯坦场方程的预言，虫洞的寿命本来就很短暂，在辐射的随机打击下还会更短。辐射〔根据伊尔德莱（Doug Eardley）和雷德蒙特（Ian Redmount）的计算〕被虫洞引力加速到超高能，虫洞的喉管在强大辐射的轰击下，比以往更快地收缩、关闭——霎那间就完了，仿佛根本就不曾存在过。

还有另一个怀疑的理由。我们知道**黑洞**是星体演化不可避免的结果（天文学家在我们星系中大量看到的那些大质量的缓慢旋转的恒星在死亡时会坍缩形成黑洞），但在自然界却没有类似的**虫洞**生成的方式。实际上，没有什么理由相信我们的宇宙在今天包含了**任何**会产生虫洞的奇点（上图）；即使存在这样的奇点，也难以理解两个奇点能在广阔的超空间里相遇而像上图那样形成虫洞。

朋友需要帮助时，我们总会想方设法去帮助。尽管我也怀疑虫洞，但那似乎是我能找到的惟一可以帮助卡尔的东西。在

卡片 1

让虫洞打开：奇异物

任何球状虫洞都将分散穿过它的光束。为看清这一点，想象（如第190页图所示）光束在进入虫洞前经过一会聚透镜，这样光线沿径向向虫洞中心会聚，然后，光线继续沿径向穿行（它们如何还能运动呢？），就是说，在从另一洞口出现时，它们沿径向散开，像图中那样离开虫洞中心。光束就这样解

1　　《黑洞与时间弯曲》(节选)

弗雷斯诺西畔的5号公路上，我想大概存在一种无限发达的文明，可以总让虫洞开着，而不让它消失。这样，阿洛维就能通过它在地球和织女星之间往返。我拿出纸笔就开始算起来。(幸好5号公路很直，我做计算不会晕车。)

为使计算容易一些，我把虫洞理想化为完全球状的(本章第一个图也是这样的，不过三维宇宙在图中压缩成二维，虫洞的截面是圆)。接着，我以爱因斯坦场方程为基础，做了两页计算，发现三件事情：

第一，**保持虫洞开放的唯一方法是，用某种类型的物质贯穿虫洞，靠引力作用将洞壁撑开**。我把这种物质称为**奇异**的，因为下面会看到，它与人类所见过的任何物质都大不一样。

第二，我发现，奇异物不仅像要求的那样会把洞壁向外推，而且当光束通过时，它还会凭引力将光线外推，使光束分离。换句话说，奇异物像一个"散焦镜"，靠引力将光束分开。见本章卡片1。

散了。

令光束解散的虫洞的时空曲率，是贯穿虫洞并使它张开的"奇异"物产生的。而时空曲率等价于引力，所以实际上是奇异物的引力让光束散开的。换句话讲，奇异物排斥光束的光线，把它们从它自己身边赶走，从而它们也相互分离散开了。

这与引力透镜发生的事情正好相反。在那儿来自遥远恒星的光被途中的恒星或星系或黑洞的引力所吸引、聚焦；在这里，光却被散焦了。

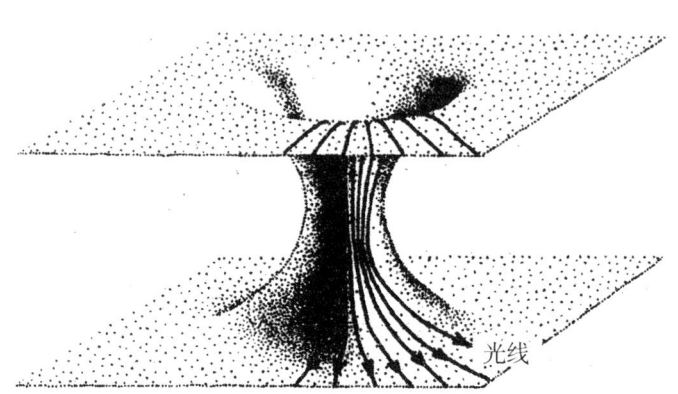

光线

第三，我从爱因斯坦场方程知道，为了靠引力让光束分散，靠引力将虫洞壁撑开，**贯穿虫洞的奇异物在光束看来必须具有负能量密度**。这需要解释一下。想一想，引力（时空曲率）由质量产生（第 2 章卡片 6），而质量与能量等价（第 5 章卡片 2，等价性体现在爱因斯坦的著名方程 $E=Mc^2$）。就是说，可以认为引力是由能量产生的。现在，我们从光束的角度——也就是从某个以（近）光速穿越虫洞的观测者的角度——来计算虫洞内物质的能量密度（每立方厘米的能量），然后沿光束轨迹求它的平均。结果，只有在平均能量密度为负时，光束才能分散，虫洞才会张开——这样，虫洞的物质才是我们所谓"奇异的"。①

这并不是说，在虫洞内静止的观测者看来，奇异物具有负能

---

① 用专业术语说，奇异物"违背了弱平均能量条件"。

量。能量密度是相对概念，不是绝对的；在一个参照系里它可以为负，在另一个参照系里，它也可以为正。在穿过虫洞的光束的参照系中测量，奇异物有负能量密度；但在虫洞的参照系测量，能量密度是正的。不过，我们人类遇到的几乎所有形式的物质在**每一个参照系**中都具有正的平均能量，物理学家长期以来一直怀疑奇异物的存在。我们猜想，物理学定律大概严禁这样的奇异物，但一点儿也不清楚它们是**如何**做到这一点的。

我在 5 号公路上想，也许我们对奇异物存在的偏见是错误的。也许奇异物**能够**存在。这是我能发现的唯一可以帮助卡尔的。所以，回到帕萨迪纳，我就给卡尔写了一封长信，向他解释，为什么他的女主角不能借黑洞做星际旅行，我建议让她去穿过虫洞。小说中还应该有某个人发现奇异物真能存在，而且可以用来打开虫洞。卡尔愉快地采纳了我的建议，写进了最后的定稿。那小说叫《接触》(*Contact*)。①

给卡尔的信寄出后，我突然想，他的小说可以作为学生学广义相对论的教学工具。1985 年秋，莫里斯（Mike Morris，我的学生）和我为了帮助这些学生，开始写一篇论文，关于奇异物支撑的虫洞的广义相对论方程和这些方程与萨根小说的联系。

我们写得很慢，其他更急迫的事情赶到前头去了。1987—

---

① 特别请看萨根《接触》第 347、第 348 和第 406 页。那儿的奇异物条件（在穿过虫洞的光束看来，奇异物有负平均能量密度）的表述不同，但是等价的：从某个静止在虫洞里的人看来，奇异物一定在径向上有比能量密度还大的张力。

1988年的冬天，我们把稿子交给《美国物理学杂志》。还没发表，临近博士毕业的莫里斯正申请博士后研究，他在申请书里附上了我们的文章。帕奇（宾夕法尼亚州立大学教授，我和霍金以前的学生）收到了申请，读了我们的稿子后给莫里斯写了封信：

"亲爱的麦克，……据霍金和埃利斯书中的命题9.2.8，加上爱因斯坦场方程，立刻就能得到，任何**虫洞**[都需要奇异物来支撑]……您忠实的D.N.帕奇。"

我觉得自己太傻了。我从没深入学过整体方法[①]（霍金和埃里斯一书的主题），现在付出代价了。我在5号公路上不太费力地得出，为了打开完全球状的虫洞，需要奇异物的贯通。现在，帕奇用整体方法便毫不费力就得到，打开**任何**（球状的、立方体状的或有任意形变的）虫洞，都必须有奇异物穿过。后来我听说，甘农（Dennis Gannon）和C.W.李在1975年得到过几乎相同的结论。

虫洞需要奇异物打开的发现，在1988—1992年间激起了理论研究热潮，中心问题是："物理学定律容许奇异物存在吗？如果是的，那应在什么条件下呢？"

解开这个问题的钥匙，霍金在70年代就已经准备好了。1970年，霍金在证明黑洞面积总会增加时（第12章），不得不假定任何

[①] 见《黑洞与时间弯曲》第13章。（霍金和埃利斯的那本书即《时空的大尺度结构》，是用整体微分几何方法写的一部广义相对论专著。很遗憾，我不能将命题9.2.8用几行通俗文字说明白。——译者注）

黑洞视界附近不存在奇异物。假如视界边有奇异物，霍金的证明就失败了，他的定理将失去意义，视界面积可以收缩。然而，霍金并不太替这种可能担心。看来，在1970年大家都愿意相信奇异物不可能存在。

可是，1974年出现了令人大吃一惊的事情：霍金从他黑洞蒸发（第12章）的发现中顺便推测，**黑洞视界附近的真空涨落是"奇异的"**：从视界附近流出的光束看，它们具有负平均能量密度。事实上，令黑洞在蒸发中收缩从而违背霍金面积增加定理的，正是真空涨落的这种奇异特性。由于奇异物对物理学太重要了，我还是好好解释一下：

回想一下第12章卡片4讨论的真空涨落的起源和本质：当我们试图将电场和磁场从某个空间区域拿走，也就是当我们想产生理想真空时，总会留下一些随机的不可预测的电磁振荡——由相邻空间区域的场之间的"交流"产生的振荡。"这里"的场向"那里"的场借走能量，给"那里"的场留下能量亏损，即在那里出现瞬间负能量。然后，那里的场立刻收回能量，还附带着一点盈余，使自己拥有瞬间正能量。这样的过程，一直不断地进行着。

在地球的正常情况下，这些真空涨落的平均能量为零。能量处在盈亏状态的总时间相等，所以平均说来没有盈亏。而霍金1974年的计算意味着，在蒸发黑洞的视界附近会出现不同的情况。视界旁的平均能量，至少在光束看来一定是负的，就是说，真空涨落是奇异的。

这些事情是怎样发生的？具体情况到20世纪80年代初才有结果。那时，宾夕法尼亚州立大学的帕奇、牛津的康迪拉斯（Philip Candelas）和其他许多物理学家用弯曲时空的量子场定律广泛深入地研究了黑洞视界对真空涨落的影响。他们发现，视界的影响是关键。视界使真空涨落扭曲，出现地球上没有的形状。通过扭曲，平均能量密度成为负的，这样，真空涨落也成为奇异的了。

真空涨落在什么条件下变奇异呢？它们能在虫洞内表现奇异特性而令虫洞打开吗？帕奇发现奇异物质是打开**任何**虫洞的唯一途径，这两个问题是对他的发现所激起的研究潮流的巨大冲击。

答案来之不易，而且也不彻底。克林卡莫（Gunnar Klinkhammer，我的学生）证明，在平直时空，即在远离一切引力物体的地方，真空涨落**不可能**是奇异的——它们不可能具有光束看到的负平均能量密度。另一方面，瓦尔德（惠勒以前的学生）和尤泽维尔（Ulvi Yurtsever，我以前的学生）证明，在弯曲时空的很多情况下，曲率会扭曲真空涨落从而使它们成为奇异的。

虫洞想脱离这样的环境吗？虫洞的曲率能通过扭曲作用让真空涨落成为奇异的从而打开虫洞吗？在这本书出版时，我们还不知道。

1988年初，奇异物的理论研究方兴未艾时，我才发觉萨根的电话所激起的那些研究是多么有力。在**实验家**可能会做的所有**真实**物理实验中，最有可能为物理学定律带来深刻新认识的是那些最猛烈推进定律的实验；同样，当**理论家**在探索超越了现代技术的物理学定律时，在他可能考察的所有**思想**实验中，最可能产生深刻新见解的是动力最强的。但所有这些思想实验对物理学定律的推动，都不如萨根给我的电话触发的那一个——它问，"**物理学定律容许无限发达的文明做些什么？又严禁他们做什么？**"（所谓"无限发达的文明"说的是他们的能力只受物理学定律的限制，而不存在行为方式、工作技巧等任何其他事物的局限。）

我相信，我们的物理学家总想回避这样的问题，因为它们太像科幻小说了。虽然我们很多人都喜欢读科幻小说，甚至还写一些，但我们怕同行笑话在科幻小说的边缘做研究。于是，我们更愿意研究另外两个不那么"幻想"的问题："宇宙中哪些事情会**自然发生**？"（例如，黑洞自然出现吗？虫洞自然出现吗？）"我们人类凭现在和不远将来的技术能做些什么？"（例如，我们能生产像钚那样的新元素来造原子弹吗？我们能制造高温超导体来降低悬浮列车和超大粒子对撞机的超导磁体的费用吗？）

我在1988年才明白，我们物理学家在这些问题上原来是相当保守的。那时，已经有一个**萨根式问题**（我愿意这么叫）开始有结果了。我们问，"无限发达的文明能为快速星际旅行留住虫洞吗？"莫里斯和我认定奇异物是留住虫洞的关键，而且，为了认识在什么条件下物理学定律允许（或不允许）奇异物存在，我们也激发了多少有些结果的研究。

假如我们的宇宙在大爆炸中诞生时完全没有虫洞,那么,亿万年以后,当智慧生命创造出(假想的)无限发达的文明时,**那个无限发达的文明能为快速的星际旅行构造虫洞吗?**物理学定律允许在原来没有虫洞的地方构造虫洞吗?允许我们的宇宙空间发生这样的拓扑改变吗?

这些问题是萨根星际旅行问题的**后一半**;**前一半**问题是,如何留下造好的虫洞。萨根通过奇异物把它留下了。后一半问题在他的小说里却悄悄溜过了。他描绘说,阿洛维旅行的虫洞现在是靠奇异物留下的,但它是在遥远的过去由某个无限发达的文明创造的,关于他们的所有历史记录都失去了。

我们物理学家当然不愿意把虫洞的产生推给史前文明,我们想知道:宇宙的拓扑在物理学定律限制下,**现在**能否改变?怎么改变?

我们可以设想两个在原来没有虫洞的地方构造虫洞的方法:一个是**量子方法**,一个是**经典方法**。

量子方法依赖于**引力真空涨落**(第12章卡片4),也就是类似于上面讨论的电磁真空涨落的引力现象:相邻空间区域的能量"借贷"往来引起的空间曲率的随机的概率涨落。一般认为,引力空间涨落是处处都有的,但在普通条件下它们太小了,还没有被实验探测到。

当电子被限制在越来越小的区域时,它们的随机简并运动会越来越强(第4章),同样,引力真空涨落在小区域比在大区域强,

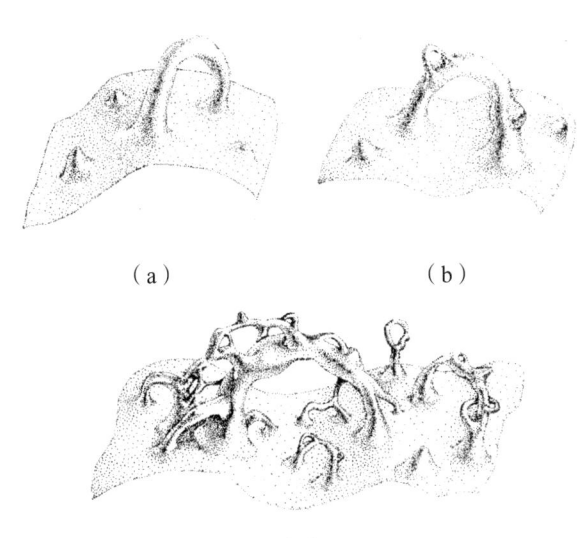

(a)　　　　　　(b)

(c)

量子泡沫的嵌入图。空间的几何与拓扑是不确定的，而是概率性的。例如，对于如图所示的(a)的形态，它有0.1%的概率，(b)为0.4%，(c)为0.02%，等等

也就是短波长的涨落比长波长的强。1955年，惠勒以原始粗略的方式结合量子力学和广义相对论的定律，得出在**普朗克－惠勒长度**，1.62×10^{-33} 厘米或更小的区域内，存在着巨大的真空涨落，如我们所知，那空间"沸了"，成了一堆量子泡沫——也就是构成时空奇点的那种量子泡沫（上图）。①

---

① 普朗克－惠勒长度是普朗克－惠勒面积（原来出现在黑洞熵公式中，见第12章）的平方根，公式为 $\sqrt{Gh/c^3}$，各符号意义前面注释过了。

于是，量子泡沫无处不在：在黑洞内部，在星际空间，在你屋里，在你头脑中。但是，要看量子泡沫，必须拿（假想的）超级显微镜去看越来越小的空间和空间里的东西。从你我的尺度（100多厘米）看到原子（10^{-8}厘米）、原子核（10^{-13}厘米），这样看下去，再小10^{20}，直到10^{-33}厘米。先看到的"大"尺度空间是完全光滑的，只有一定的（小小的）曲率。然而，在接近、经过10^{-32}厘米时，我们会看到空间开始卷曲缠绕了，先很缓和，然后越来越强烈，当10^{-33}厘米大小的区域完全走进超级显微镜的目镜时，空间已经成了一团概率的量子泡沫。

因为量子泡沫处处都有，我们不禁会想象让某个无限发达的文明走近量子泡沫，找出一个虫洞〔例如，有0.4%概率的上图（b）中的"大"洞〕，把它抓住，然后放大到经典尺度。假如那文明真是无限发达的，凭0.4%的概率，他们可能会成功，真的会吗？

不知道，因为我们对量子引力定律还没有很好的认识。我们无知的一个原因，是对量子泡沫本身认识不够，甚至，量子泡沫是否存在，我们也没有百分之百的把握。然而，萨根式的思想实验——发达的文明将虫洞从量子泡沫中拉出来——在未来的年月里，对我们巩固量子泡沫和量子引力的认识，可能会有概念上的帮助。

虫洞产生的**量子方法**就讲这么多。**经典方法**又是什么呢？

在经典方法中，我们无限发达的文明应设法在宏观尺度（正

1 《黑洞与时间弯曲》(节选)

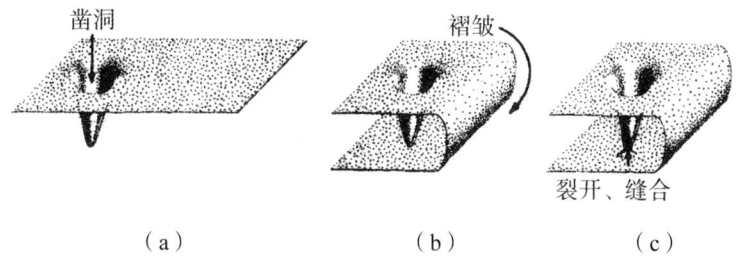

(a) (b) (c)

造虫洞的一种方法。
(a)在空间曲率上凿出一个洞。
(b)洞外的空间在超空间中缓慢褶皱。
(c)在那个洞的尖端凿一个洞,在洞下面的空间也凿一个洞,然后将两个洞的边缘"缝合"起来,初看时,这个方法是经典的(宏观的),然而,凿开的洞至少会瞬时产生与量子引力定律相关的时空奇点,所以这个方法实际上也是量子的

常的人类尺度)上扭曲空间,这样才能在没有虫洞的地方造出虫洞。很显然,为了实现这个方法,**必须在空间凿两个洞,再将它们缝合起来。**上图画了一个例子。

在空间这么凿洞,总会瞬间地在凿开的地方生成时空奇点,也就是时空终结的尖点,而奇点是与量子引力相关的东西,所以这样的虫洞制造方法,实际上还是量子力学的,而不是经典的。在认识量子引力定律前,我们不会知道这种方法是否可行。

没有出路了吗?难道说,造虫洞的方法都得与我们还没认识的量子引力定律纠缠——而没有**完全的经典方法吗**?

有,但多少有些奇怪——而且得付出很大的代价。1966年,格罗赫（惠勒在普林斯顿的学生）用整体方法证明，通过时空光滑的无奇点扭曲，我们**能够**构造一个虫洞，但在构造中，不论从什么参照系看，时间也被扭曲了。[①] 更具体地说，在构造虫洞的过程中，既可沿时间向前，也能向后；不论造洞的是什么"机械"，它的作用都必然像一台时间机器，带着东西从后来的时刻回到以前的时刻（但不能回到开始造虫洞以前）。

1967年，对格罗赫定理的普遍反应是，"物理学定律**肯定**会禁止时间机器，所以，用经典的方法，也就是不在空间凿洞，是不可能造出虫洞来的。"

在以后的十几年里，我们过去认为**肯定**的事情看来是错了。（例如，我们在1967年怎么也不会相信黑洞会蒸发。）这告诫我们应当谨慎。为了谨慎，也因为萨根式问题的激发，我们在20世纪80年代后期开始提出这样的问题："物理学定律**真的**严禁时间机器吗？如果是的，它**如何**去禁止呢？这些定律会以什么方式维护这样的禁令呢？"下面我还将回到这个问题。

我们先歇会儿，清理一下思想。现在（1993年），我们对虫洞的认识大概是：

假如在大爆中没有生成虫洞，那么一个无限发达的文明可能有两个办法来创造它，量子的办法（从量子泡沫中将它取出来）和经典的办法（扭曲空间，但不凿洞）。我们今天对量子引力的认识

[①] 我真想画一个简单明白的图来说明这种光滑的虫洞是如何实现的，遗憾的是我画不出来。

还不足以确定用量子方法构造虫洞是否可能。而我们对经典引力定律（广义相对论）的足够认识则**确实**令我们相信，用经典方法构造虫洞是允许的，但是不论构造者是什么"机械"，时间在所有参照系看来都会被它强烈扭曲，结果，它（至少在短时间内）成了一台时间机器。

我们还知道，假如无限发达的文明凭某个方法得到了一个虫洞，那么，令虫洞打开（这样可以用来做星际旅行）的唯一办法是，让奇异物穿过洞。我们知道电磁场的真空涨落很有可能是一种奇异物：在很多不同的情况下，它们在弯曲时空里都可以表现出奇异性（在光束看来，具有负平均能量密度）。然而，我们不知道它在虫洞内是否还能奇异，从而为我们把洞打开。

在接下来的几页里，我假定某个无限发达的文明已经通过某种方法获得了一个虫洞，而且靠某种奇异物让洞一直开着。我的问题是，除了星际旅行外，这个文明还可能用虫洞来做些什么。

时 间 机 器 [①]

1986年，第14届半年度的德克萨斯相对论天体物理学会议在伊利诺斯的芝加哥举行。从1963年在德克萨斯达拉斯第一次

[①] 英国小说家 Herbert George Wells（1866—1946）在1895年发表了科幻小说《时间机器》，写一个未来世纪旅行者发现社会分化成了 Eloi 和 Morlocks 两个民族。前者曾征服了自然，但不再努力；后者曾被压迫，却成了掠夺者。小说很有名，"时间机器"一词大概是从这儿传下来的。——译者注

讨论类星体（第 7, 9 章），这一系列"德克萨斯会议"就具有了自己的模式，现在已经成为严格建立的机构。我到会讲了 LIGO 的梦想和计划（第 10 章），莫里斯（我的"虫洞"学生）也去了，第一次出现在国际相对论物理学家和天体物理学家面前。

在讲话间隙，莫里斯在走廊上认识了罗曼（Tom Roman），中康涅狄格州立大学的一个年轻助教，几年前曾对奇异物发表过深刻的见解。两人很快谈到虫洞。"假如真能让一个虫洞持续打开，那么它会允许在星际距离间的旅行比光速还快。"罗曼指出，"这是不是说，我们也能借虫洞反时间旅行呢？"

麦克和我觉得自己真笨！当然，罗曼是对的。事实上，我们在儿童时代就从一首有名的滑稽诗里听到过这样的时间旅行：①

> 女孩儿呀，贝蕾
> 来去呀，光难追。
> 相对论呀，捷径，
> 今日出门呀，
> 昨夜回。

在罗曼和这首小诗的激发下，我们明白了如何用两个彼此相对以

---

① 这首打油诗是很多年前一个生物学家 A. H. R. Buller 发表在英国幽默杂志《笨拙》（*Punch*）上的，不知道有多少相对论的科普读物引用过它。——译者注

光速运动的虫洞来建一台时间机器①。(这种时间机器有点儿复杂,我不准备在这儿讲;我很快会讲另一种更简单、更容易描述的时间机器。)

我喜欢孤独,喜欢一个人去山里,去远离尘嚣的海边,甚至躲进小屋去思考。新思想总是从长时间安静的没有惊扰的孕育中慢慢产生出来的;大多数必须进行的计算也是经过好多天或者好多个星期的持续紧张的全神贯注的活动才能实现的。一个突然的电话也能令我分心,耽误几个小时。于是,我藏起来了。

但躲得太久也不是好事。我时刻需要与不同观点和专长的人交流,从与他们的对话中得到灵感。

到现在,我在本章已经讲了三个这样的例子。如果卡尔不打电话来让我从科学的角度为他改小说,我永远不会去研究虫洞和时间机器;如果没有帕奇那封信,莫里斯和我不会知道无论什么

---

① 这种时间机器和本章后面讲的那些都不能说是人们发现的最早的爱因斯坦场方程的时间机器类解。1937年,斯托库姆(J. van Stockum)发现了一个解,这个解中,一快速旋转的无限长柱体起着时间机器的作用。物理学家从来就认为宇宙间不存在无限长的东西;他们猜测(但没人证明),如果柱体长度有限,它就不会是时间机器。1949年,哥德尔(Kurt Gödel)发现一个爱因斯坦方程的解,描述了一个旋转但既不膨胀也不收缩的全宇宙,一个人只要离开地球到很远的地方然后返回,他就可以到过去旅行。物理学家当然会反驳,他们认为,我们真实的宇宙根本就不像哥德尔的解:它不旋转,至少转得不快;但它却在膨胀。1976年,特普勒(Frank Tipler)用爱因斯坦场方程证明,为了在有限大小的空间区域内造时间机器,必须以奇异物作部分材料。(因为任何可以穿越的虫洞都需要奇异物的贯穿,所以本章描述的以虫洞为基础的时间机器能满足特普勒的要求。)

形状的虫洞,都需要奇异物来打开;还有,如果没有罗曼的证明,莫里斯和我大概还不知道,发达的文明可以很容易地通过虫洞制造时间机器。

接下来我再讲几件给我带来巨大灵感的事情。当然,并不是所有思想都是这样产生的,有的还是通过自己的沉思得到的。

1987年6月初,几个月的课讲完了,几个月和我的小组以及LIGO计划在一起的日子也结束了,我疲惫不堪,一个人躲了起来。

那年的整个春天,总有件事情在困扰着我,我想先不去理它,等安静下来再去考虑。现在,宁静的日子终于来了。一个人时,困惑从潜意识浮现出来,我开始检验它:"**时间在通过虫洞时如何决定它自己的连结方式?**"这是问题的要害。

为把问题说得更具体些,我想了一个例子:假定我有一个很短的虫洞,它的隧道在超空间里只有30厘米长,两个洞口(即两个球)的直径为2米——把它放在帕萨迪纳我的家里。我从洞里爬过去,自己觉得很快就从另一端出来了,没有一点耽误;事实上,我的头爬出第二个洞口时,脚还留在第一个洞口的外面。这似乎意味着,坐在屋里沙发上的妻子卡洛丽会看到,我的头从第二个洞口露出来时,我的脚正在往洞里爬,即下页图的样子。真会这样吗?如果是的,那么时间在"**穿越**虫洞"和在虫洞**外面**的"连接方式"是一样的。

另一方面,我也问自己,虽然我自己觉得几乎没花什么时间就穿过了虫洞,但卡洛丽也许会等一个小时才看见我从第二个洞

《黑洞与时间弯曲》(节选)

我在超空间中爬过一个短虫洞

口爬出来,可能这样吗?当然,也许她在我爬进去的一个小时前就看见我出来了,这是不是也可能呢?假如是这样,那么时间在**穿越**虫洞和在虫洞**外面**的连结方式就不一样了。

什么事情能让时间表现得如此怪异?我问自己。反过来,我想:它为什么不应该这样呢?只有物理学定律知道答案。不论怎样,我都应该从物理学定律发现时间到底是如何表现的。

为帮助大家理解物理学定律如何决定时间的连结方式,我构想了一个更复杂的情形。让虫洞的一个出口静止在我的房间里,另一个在星际空间,以光速离开地球运动。虽然两个洞口在相对运动,我们还是假定洞长(通过超空间的隧道长度)总是固定在30厘米。(下页图解释了为什么当从外面的宇宙看到两个洞口在相对运动时,虫洞还可能保持固定的长度。)于是,从外面的宇宙看,两个洞口处在不同的参照系中,那两个参照系在高速地相对运动着;**因此,洞口一定经历着不同的时间流**。另一方面,从洞里

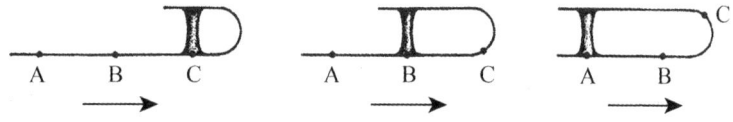

为什么在外面的宇宙看到两个洞口在相对运动时,虫洞还能保持固定的长度。每幅图都是本章第一个图那样的嵌入图,这里画的是剖面。这是一幅快照,说明宇宙与虫洞**相对于超空间**的运动(不过请回想一下,超空间只是我们想象的一种有用的假想空间,人类看不见它,也不能实在地感觉它)相对于超空间,宇宙的底部在向图的右方滑行,而虫洞和宇宙的顶部保持静止。相应地,从我们的宇宙看,虫洞口在相对运动着(两个洞口越离越远);但从虫洞里面看,两个洞口是相对静止的,洞长没有改变

看,两个洞口是相对静止的,所以同在一个参照系中,这意味着**洞口一定经历着相同的时间流**。从外面看,两个洞口经历着不同的时间流;从里面看,却是同一个时间流,怎不令人糊涂!

我一个人静静地想,慢慢地明白了,广义相对论明确预言了两个洞口的时间流,也明确预言了这两个时间流从虫洞比较是**一样**的,而从洞外比较则是不同的。从这个意义说,如果两个洞口在相对运动,那么时间通过虫洞的连结方式与通过外面宇宙的连结方式是不同的。

我后来发现,不同的时间连结方式暗示我们,**无限发达的文明可以用一个虫洞来造时间机器**,而用不着两个虫洞。怎么做呢?假如我们无限发达,那是很容易的。

为说明这一点,我还是来讲一个思想实验,人类在实验中是无

限发达的生命。卡洛丽和我找到一个很短的虫洞,我们把一个洞口放在家里的起居室里,另一个洞口放在门前草地上的家庭飞船上。

这个思想实验将告诉我们,时间通过任何虫洞的连结方式,实际上依赖于虫洞过去的历史。不过,为简单起见,我假定在卡洛丽和我得到虫洞时,它有最简单的时间连结方式:通过虫洞内部和通过外面宇宙的连结方式一样。换句话说,假如我爬过虫洞,卡洛丽、我和地球上的每个人都会认为,我从飞船上的洞口露出来的时刻与从起居室爬进去的时刻几乎是相同的。

确认通过虫洞的时间确实如此连结以后,卡洛丽和我设计了一个实验:我留在一个洞口的家里,卡洛丽带着另一个洞口乘飞船以极高速度去宇宙旅行,然后回来。在整个旅行中,我们的手都通过虫洞握在一起,见下页图。

卡洛丽于2000年1月1日上午9:00出发,这个时间是她自己的,也是我的和我们地球上每一个人所测量的。卡洛丽以近光速离开地球,照她测量的时间,她旅行了6个小时,然后掉头回来,以她的时间看,于出发后12小时回到我们家前院的草地。① 我在虫洞里握着她的手,通过虫洞注视着她的整个旅程。显然,我同意,从**虫洞**看,她真是在出发12小时后,于2000年1月1日晚上9:00回来的。在晚上9:00,我通过虫洞不仅能看见卡洛丽,

---

① 实际上,假如卡洛丽要加速到光速并这么快地掉头,她一定会被强大的加速杀死,身体也将被毁坏。不过,这里讲的是物理学家的思想实验的精神,我假定她的身体是高强度材料构成的,能舒适地在加速中生存。

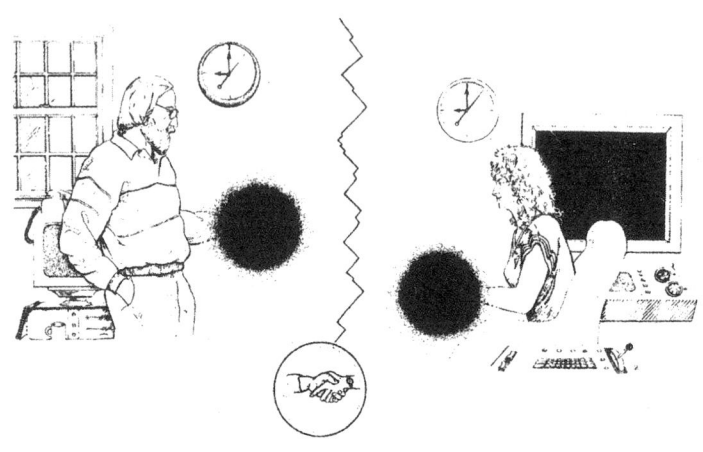

卡洛丽和我用一个虫洞构造了一个时间机器。
左：我带着一个洞口留在帕萨迪纳的家里，并通过虫洞与卡洛丽握手。
右：卡洛丽带着另一个洞口做高速宇宙旅行。
中：我们在洞里握在一起的手

还看见在她身后的草地和房子。

9 点零 1 分时，我抬头望窗外——只看到空空的草地，没有飞船，没有卡洛丽和另一个洞口。假如有一台很好的指向窗外的望远镜，我会看见卡洛丽的飞船还在远离地球的航行中。**从洞外面的宇宙看**，根据在地球上测量，她的旅行需要 10 年。[这是标准的"双生子怪圈"。① 高速的哥哥出去又回来（在这儿是卡洛丽），认为

---

① 或者叫"双生子伴谬"（在本书里，我都将 paradox 译为"怪圈"），在任何一本（狭义）相对论的书里都可以看到对这个现象的描述，但并不能解释；许多书说可以用广义相对论来解释，但似乎也不能令人满意。——译者注

自己只用了 12 个小时；而留在地球上的弟弟（在这儿是我）却得等 10 年才能看到旅行结束。]

于是，我回到自己的日常生活，一天天、一月月、一年年地等，终于，等到 2010 年 1 月 1 日，卡洛丽远航回来了，降落在门前的草地上。我出去迎接她，看她和预想的一样，只过了 12 个小时，而不是老了 10 年。她坐在飞船里，手伸进虫洞，还握着另一个人的手。我站在她身后，从洞里看过去，看到握着她手的那个人是我自己，年轻 10 岁，正坐在 2000 年 1 月 1 日的房间里。虫洞成了时间机器。假如我现在（2010 年 1 月 1 日）从飞船的这个洞口爬过去，那么我会在 2000 年 1 月 1 日从屋里的那个洞口出来，与年轻的自己相会。同样，假如年轻的我爬进屋里的洞口，他会在 2010 年 1 月 1 日从飞船的洞口出来。从一个方向穿过虫洞我会年轻 10 岁；从另一个方向穿过虫洞，我会老 10 年。

但是，不管是谁，都不可能靠虫洞回到 2000 年 1 月 1 日晚上 9 点以前，不可能退回到虫洞成为时间机器以前。

广义相对论定律是不容置疑的。假如虫洞能被奇异物打开，那么广义相对论就会预言这些结果。

1987 年夏，大约在我从广义相对论得到那个结果 1 个月以后，里查德·普赖斯给卡洛丽打来电话——他是我的亲密朋友，16 年前曾证明黑洞会辐射掉所有的"毛"（第 7 章）；听说我在研究时间机器，他很担心，怕我疯了或老了，或者……卡洛丽要他放心，我还好好的。

里查德的电话令我有点儿震动,我倒不是怀疑自己头脑糊涂,我是很少怀疑自己的。不过,连我亲密的朋友都在担心,那么(即使不为自己想,为了莫里斯和我的其他学生),我真要好好想想,怎么向物理学家和公众报告我们的研究。

为小心谨慎,我决定不急着发表任何关于时间机器的东西。1987—1988年的冬天,我跟学生莫里斯和尤泽维尔试图尽可能把虫洞和时间的一切事情都弄明白,只有当所有问题都清澈见底了,我才想发表。

莫里斯和尤泽维尔是通过电脑网络和电话跟我联系的,因为我还一个人躲在小屋里,卡洛丽在威斯康星的麦迪逊做为期两年的博士后工作,头7个月(1988年1月—7月)我跟着她,成了她的"男保姆"。我们在麦迪逊租了房子,我把电脑和书桌搬进小阁楼里,多数时间就待在那儿思考、计算、写作——主要是为了别的项目,也有部分是关于虫洞和时间的。

为了从有经验的反对者那儿得到启发,在与他们的争论中检验我的思想,我每过几个星期都驱车去密尔沃基,与弗里德曼和帕克(Leonard Parker)领导的一个杰出的相对论研究小组交谈;偶尔也到芝加哥去,访问另一个由钱德拉塞卡、格罗赫和瓦尔德领导的小组。

3月去芝加哥,我又经历了一次震惊。我在那儿搞了次讨论会,讲述我所认识的虫洞和时间机器。会后,格罗赫和瓦尔德问我(主要意思):"在发达的文明试图将虫洞变成时间机器时,虫

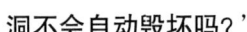

洞不会自动毁坏吗?"

为什么?怎么会呢?我不知道。他们向我解释了。用卡洛丽和我的故事来说,他们解释的大意是:卡洛丽正带着飞船上的洞口飞回地球,我带着另一个洞坐在家里。当飞船离地球在10光年以内时,辐射(电磁波)突然能用虫洞做时间旅行:任何一点离开帕萨迪纳以光速向飞船靠近的随机辐射,10年后到达飞船(从地球上看),进入那儿的洞口,在10年内及时返回(从地球看);当它从地球上的洞口出现时,原先的它刚开始启程,于是,它与它自己碰头了——不仅在空间里,而且在时空里——强度增加了1倍。另外,每个辐射量子(光子)在旅行中还会因为洞口的相对运动而获得能量的提高("多普勒效应"式的提高)。

下一次辐射接着从屋里出去,达到飞船,然后从虫洞回来,遇到刚要离开的原先的它,和自己碰在一起,通过多普勒效应增大能量。辐射源源不断地离去,又源源不断地回来,最后变得无限强大〔下页图(a)〕。

任何一点辐射经过这样的过程后都会生成一束能量无穷的辐射,在两个洞口间的空间中往来。当辐射束通过虫洞时,格罗赫和瓦尔德认为它会产生无限的时空曲率,可能破坏虫洞,从而虫洞成不了时间机器。

我离开芝加哥,恍恍惚惚地驾车开上去麦迪逊的90号州际公路,满脑子都是在两个相对运动着的虫洞口之间飞来飞去的辐射束的图像;我想借图来计算,到底发生了什么事情。我想明白,格

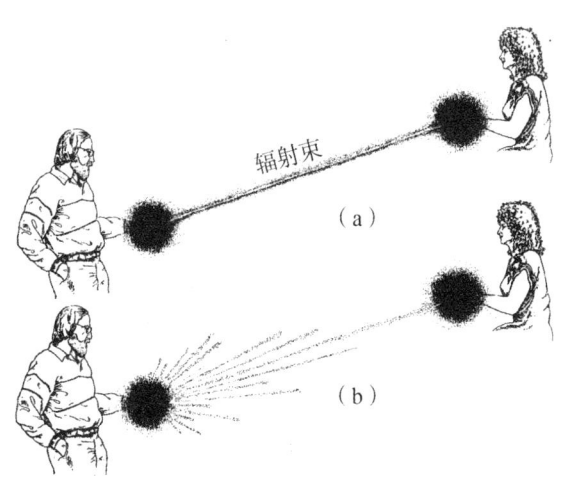

（a）格罗赫－瓦尔德提出的虫洞如何可能在成为时间机器前自行毁灭。强烈的辐射束在两个洞口间往来，通过虫洞与自己相遇而加强，最后变得无限强大而毁灭虫洞。

（b）实际情况。虫洞使辐射束分散，减少它们相碰的机会；最后的辐射束仍然微弱，不会破坏虫洞

罗赫和瓦尔德是对还是错。

快到威斯康星边界时，头脑里的图像清晰出现了。虫洞**不会**被毁灭。格罗赫和瓦尔德忽略了一个重要事实：辐射束通过虫洞时，虫洞总会像本章卡片1说的那样将它**分离**。分离的束从地球上的洞口出现时会在空间散开，只有很少一点辐射能走进飞船的洞口然后从虫洞回到地球来与它自己"碰头"〔上图(b)〕。

1　《黑洞与时间弯曲》(节选)

我一边开车,一边在头脑里"看着"这些辐射叠加。把所有经过虫洞旅行的辐射加在一起(每经过一趟旅行,辐射就分散一些,量越来越小),我发现,最后的辐射束会很弱,远不能破坏虫洞。

结果证明,我的计算是正确的;但后来才知道,我本该更谨慎一些的。虫洞破灭的问题实际上已经在警告我,任何时间机器的制造者都会遭遇意外的危险。

研究生到他们研究的最后一年时,常给我带来巨大的快乐。他们靠自己获得重要发现;在与我讨论时获得胜利;让我学会一些意想不到的事情。莫里斯和尤泽维尔就是这样的两位,我们正在为《物理学评论通讯》写一篇文章,里面的大部分技术细节和思想都是属于他们的。

文章快写完时,我却犹豫了。我害怕这样的东西会令人把正在成长的莫里斯和尤泽维尔看成"疯狂的科幻物理学家"。然而,我对我们知道的事情越来越有兴趣,对在物理学研究中发挥萨根式问题的作用也越来越有热情。最后,论文完成了,我没有讲自己的忧虑(莫里斯和尤泽维尔似乎没有这种感觉),同意他们为论文取的名字:"虫洞、时间机器和弱能量条件"("弱能量条件"是与"奇异物"相关联的术语)。

两位不知姓名的审稿者似乎很同情我们,虽然题目里有"时间机器",文章还是被接受发表了。我大大松了一口气。

临近文章发表时,我又惴惴不安起来。为了消除疑虑,实际上是为了让别人相信,我们的时间机器研究**没有一点哗众取宠的意思**,我问了加州理工学院公关部的同事。在许多物理学家看来,在大众中故弄玄虚也许是疯狂的行为,而我希望物理学同行们能认真研究我们的论文。公关部的同事也这样说。

文章发表了,没发生什么事情。正如我所希望的,大众没注意它,但它在物理学家中激发了兴趣,也招来了反对。信一封封飞来,有问问题的,也有挑战结论的。但我们自己的事情已经做完了,有答案了。

朋友们的反应不尽相同。普赖斯还在替我担心,他知道我没疯,也没老,但他怕我坏了自己的名声。苏联朋友诺维科夫是另一种感觉,他着迷了。他正在加利福尼亚圣克鲁斯访问,从那儿来电话说,"我太高兴了,基普!你冲破了阻碍。你能发表时间机器的研究,我也能!"接着,他立刻开始行动了。

母 子 怪 圈

在我们的论文激起的抗议中,最有力的是我所谓的**母子怪圈**①:假如我有时间机器(虫洞的或者别的),我就能通过它回到过去,在母亲怀我之前把她杀死,这样就不会让自己出生来害母

---

① 在多数科幻小说作品中用的是"祖父怪圈"而不是"母子怪圈"。也许,这些小说作家们都是尊重女性的大侠,觉得回到过去谋害一个男子会更心安一些。(原文"matricide paradox"应为"弑母怪圈",我回避了"那个"字,觉得这样更好。——译者注)

亲了。①

母子怪圈的中心问题是**自由意志**：作为一个人，我有没有决定自己命运的能力？我真能回到过去杀母亲吗？或者（像多数科幻小说写的那样），当我在她睡梦中举刀的时候，会有什么东西无情地令我住手吗？

即使宇宙中没有时间机器，自由意志现在也是令物理学家手足无措的问题。我们通常总是逃避它，认为它不过是将原本清楚的事情弄得更糊涂罢了。在时间机器问题上，更是如此。所以，在文章发表之前（当然，也是在和密尔沃基的同行们认真讨论以后），莫里斯、尤泽维尔和我决定完全回避自由意志问题，坚持不在文章里讨论人类穿越虫洞的事情；我们**只**谈了一种简单的非生命时间旅行，如电磁波的时间旅行。

文章发表前，我们考虑了很多关于波动通过虫洞回到过去的问题，没有发现在这些波的演化中有什么不可解决的疑惑。最后（也因为弗里德曼的重要启发），我们相信可能不会有**解不开的怪圈**，在文章里也是这样猜想的。②我们甚至还将猜想推广了，认为**任何**穿过虫洞的非生命物体都不会产生解不开的怪圈。就是这个猜想，引来了强烈的反对。

---

① 我们兄弟姐妹四个都很尊敬孝顺母亲，例如，你可以看第 7 章的那个脚注。我在这儿举的例子是经母亲同意了的。

② 3 年后，弗里德曼和莫里斯一起设法严格证明了，波通过虫洞回到过去时，确实不会产生解不开的怪圈——只要波线性叠加的方式与第 10 章卡片 3 讲的相同。

我们收到的最有意思的一封信,来自奥斯丁德克萨斯大学物理学教授波尔琴斯基(Joe Polchinski)。他写道,"亲爱的基普,……假如我没理解错,你猜想[在你用虫洞做的时间机器中不会出现解不开的怪圈]。在我看来,似乎……不是这样的。"接着,他巧妙地把怪圈改成一种简单的形式——从自由意志问题中**解脱出来了**,于是我觉得可以好好来分析:

拿一个成了时间机器的虫洞,把两个洞口放到行星际空间,相互靠近而且静止不动(下页图)。现在,从某个恰当的地方以恰当的初始速度向右洞口发射一只台球,球将进入右洞口,沿时间返回,在进入右洞口前(照你我在虫洞外的观察),从左洞口飞出,正好击中原来的自己,从而使它不能进入右洞口回来打自己。

这种情形与母子怪圈一样,都需要回到过去,改变历史。在母子怪圈中,我回到过去,杀了母亲,使她不能生我。在波尔琴斯基怪圈里,台球回到过去,击中自己,使它不能回到过去。

两种情形都没有意义。像物理学定律必须逻辑一致一样,由物理学定律所主宰的宇宙演化也应该是逻辑一致的——至少宇宙的经典(非量子力学的)行为应该是这样的;量子力学的行为则更难以捉摸。由于我和台球都是高度经典的事物(也就是说,只有在对我们进行极端精确的测量时,我们才会表现出量子力学行为,见第10章)。不论我还是台球,都不可能回到过去改变我们的历史。

1 《黑洞与时间弯曲》(节选)

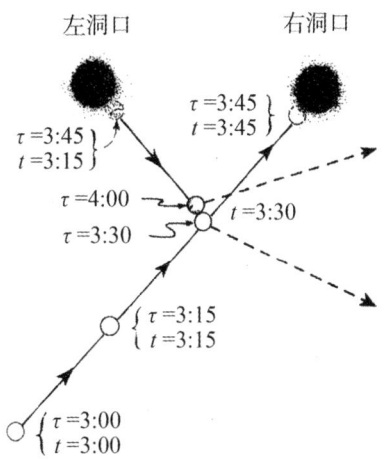

波尔琴斯基的台球怪圈。虫洞很短,已成为时间机器。从外面看,进入右洞口的任何事物会在进入 30 分钟前出现。洞口外的时间流记为 t,台球自己经历的时间流记为 τ。台球在下午 $t=3:00$ 从图示位置发射,速度正好使它在 $t=3:45$ 进入右洞口。球从左洞口出现比这早 30 分,即 $t=3:15$ 然后在 $t=3:30$ 击中原先的自己,使它脱离轨道,不能进入右洞,从而不能回来打自己

那么台球到底发生了什么事情呢?为把它弄清楚,莫里斯、尤泽维尔和我集中考察了球的**初始条件**,即初始位置和速度。我们问自己:"在导致波尔琴斯基怪圈的那些初始条件下,是不是还存在**别的**台球轨迹呢?它们与上图不同,但同样是经典台球的物理学定律的**逻辑自洽**的解"。经过多次讨论,我们认为答案也许是肯定的,但还没有绝对的把握——也没有时间去弄明白了。莫里

斯和尤泽维尔博士毕业了,要离开加州,到密尔沃基和特里斯特去做博士后。

幸运的是,加州理工学院的好学生源源不断,又来了两位:埃切维里亚(Fernando Echeverria)和克林卡默(Cunnar Klinkhammer)。他们接过波尔琴斯基的怪圈继续研究:经过几个月断续的数学论证,他们证明,从波尔琴斯基的初始条件出发,**确实存在**自洽的满足所有经典物理学定律的台球轨道。实际上,存在**两条**这样的轨道(见下页图)。我将以台球自己的观点依次描述这两条轨道。

在轨道(a)(下页图左),一只新白球从下午 $t=3:00$ 出发,沿着与波尔琴斯基怪圈完全相同的路线(上页图)向着右边的洞口运动。半小时后,$t=3:30$ 时,这只新的白球被一只看起来旧一些的花球(我们将看到,它是那只球未来的自己)撞在**左后边缘**。碰撞很轻,新球只稍微偏离了原来的路线,但白球还是被撞成了花球。这只新的花球继续沿着偏离的路线运动,在 $t=3:45$ 时进入虫洞口,回到 30 分钟以前,在 $t=3:15$ 时从另一洞口出来。由于路线与波尔琴斯基怪圈的相比发生了偏转,从虫洞出来的变旧了的花球在 $t=3:30$ 时从它原来自己的左后边缘轻轻擦过,而不像上页图那样发生强烈的碰撞和巨大的偏转。这样,球的经历是完全自洽的。

轨道(b)(下页图右)与(a)相同,不过球的碰撞方式有些不同,相应地,碰撞的路线也有些不同。特别是,从左洞口出来的旧

《黑洞与时间弯曲》(节选)

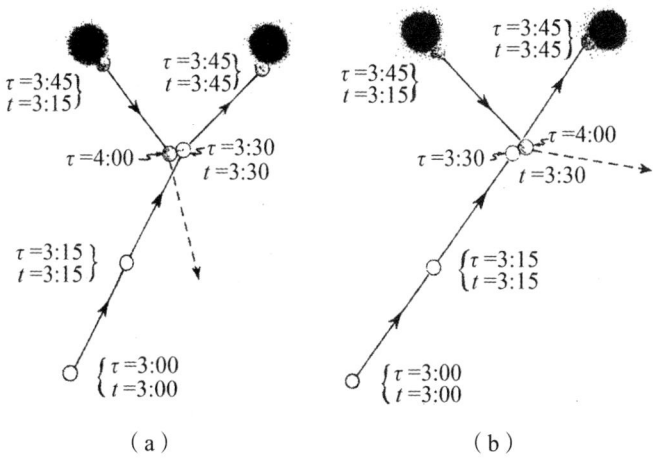

(a)   (b)

波尔琴斯基的母子怪圈(前图)的解决：一只在下午 3:00 以与波尔琴斯基怪圈相同的初始条件(相同的位置和速度)出发的台球可以沿这里的任何一条轨道运动。每条轨道都是自洽的，而且处处满足经典物理学定律

花球的路线与(a)不同，它沿着这条路线将赶到新球的前头(而不是后面)，从它的**右前缘**(而不是左后边缘)轻轻擦过。

埃切维里亚和克林卡默证明，轨道(a)和(b)都满足台球运动的一切经典物理学定律，因此都可能在真实宇宙中发生(**假如**真实的宇宙能有虫洞做的时间机器)。

这是最令人不安的。在没有时间机器的宇宙中，这样的情形是永远不会出现的。没有时间机器，一组台球的初始条件只能决

科学建构： 江晓原
从几何模型到物理世界　　　　　　　　　　　　　　科学读本

卡片2

台球危机：无限多轨道

一天，我正坐在旧金山机场等飞机，突然想，假如一个台球从虫洞时间机器的两个洞口之间飞过，那么它可能沿两条轨道旅行。如下页图所示，一条（a），球无破坏地从两洞口间冲过去；另一条（b），球通过时被撞向右边的洞口，然后进入虫洞，在进洞之前从左洞口出来，与自己相撞，然后飞走。

几个月后，福瓦德〔激光干涉仪探测器的先驱者之一（第10章），也是位科幻小说家〕发现了满足一切经典物理学定律的第三条轨道，即下面的轨道（c）：碰撞不是发生在两洞口间，而发生在球到达洞口邻近以前。我后来发现，假如球在经历两次碰撞事件之间多次穿过虫洞，那么碰撞还可以越来越早地发生，如（d）和（e）。具体说，在（e）的情形，球沿路线α向

定一条而且唯一一条满足所有经典物理学定律的轨道。球只有唯一的运动形式。时间机器把这些都破坏了，现在出现了两种同样合理的球的运动的预言。

实际上，事情比我们现在看到的更糟：时间机器能为球的运动做出**无限多个**同样可能的预言，而不只是两个。卡片2说明了一个简单例子。

时间机器令物理学疯狂了吗？令它失去了对事物演化的预言能力了吗？如果没有，那么物理学定律如何从无限多个可能中选择一条台球会走的轨道呢？

为了寻找答案，克林卡默和我在1989年从**经典**物理学定律转向了**量子**定律。为什么呢？因为它们才是我们宇宙最终的法则。

例如，量子引力定律将最终把握引力和时间与空间的结构。爱因斯坦经典的广义相对论引力定律不过是量子引力定律的一种近似——在远离一切奇点，在时空尺度远大于 10^{-33} 厘米时，近似是非常准确的，但毕竟还是一种近似（第13章）。

220

《黑洞与时间弯曲》（节选）

同样，学生和我用以研究波尔琴斯基怪圈的经典的台球物理学定律，也不过是量子力学定律的一种近似。由于经典定律似乎预言了一些"废话"（无限多个可能的台球轨道），为了更深入地认识，克林卡默和我才转向了量子力学定律。

量子物理学中的"游戏规则"大不同于经典物理学的。在给定的初始条件下，经典定律预言将要发生什么（如台球会走哪条路）；而且，如果没有时间机器，它们

上，与它未来的自己碰撞，沿着 β 进入右洞口，然后穿过虫洞（回到过去），从左洞口出来，又沿 γ 穿过虫洞（回到更远的过去），然后沿 δ 再穿过虫洞（回到更更远的过去），从 ε 出来，去与它自己碰撞，偏向 ζ 落下。

显然，有无限多条轨道（每一条经过虫洞的次数不同），从完全相同的初始条件（相同的初始位置和速度）出发，都满足经典（而不是量子）的物理学定律。它留给我们的问题是，物理学是不是疯了？或者，我们想知道，物理学定律能用什么办法告诉我们球应该走哪条轨道？

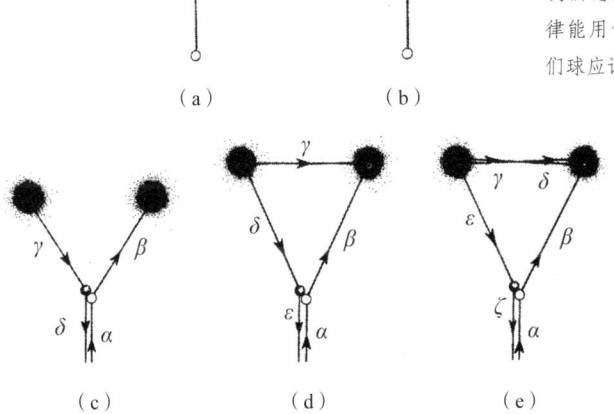

(a)　　(b)

(c)　　(d)　　(e)

的预言是惟一的。量子定律则不同，它们只预言将要发生的事件的**概率**（例如，球通过空间这个或那个区域的概率），而不是确定性的东西。

从量子力学的这些"游戏规则"看，克林卡默和我根据量子力学定律所得的答案也就不那么令人惊奇了。我们发现，假如球出发以后沿波尔琴斯基怪圈的轨道（第217页图和第219页图，在下午 $t=3:00$ 时刻），那么它接下去走哪条路线，都有一定的量子力学概率，例如，第219页图（a）的概率为48%，（b）的概率为48%——对无限多经典定律所允许的每一条轨道，它都有一定的（小得多的）概率。任何一次"实验"，球只能走某一条经典路线；但如果我们做大量相同的台球实验，那么其中有48%的球会走轨道（a），有48%走轨道（b），以此类推。

结果多少还是令人满意的。它似乎说明物理学定律可能会很好地使自己适应时间机器。当然也有些令人惊讶的东西，但似乎没有任何怪异的预言，也没有任何解不开的怪圈。实际上，如果《国家调查者》杂志（*National Enquirer*）听说了，可以很容易打出一个通栏大标题：**物理学家证实存在时间机器**。（当然，我还是害怕报刊会把这些东西曲解成怪物。）

1988年秋，我们的论文，"虫洞、时间机器和弱能量条件"发表3个月后，《旧金山检查者》（*San Francisco Exarminer*）记者戴维森（Keay Davidson）在《物理学评论通讯》上看到了，于是故事传开了。

《黑洞与时间弯曲》（节选）

这样一来，事情就更糟了。在那 3 个月里，至少物理学界很安静，他们在考虑我们的思想，而不是要听什么张扬和吹嘘。

但张扬是挡不住了。**物理学家发明时间机器**，这是常见的标题。《加利福尼亚》杂志在"发明时间旅行的人"的文章里，甚至登出一张我在帕洛玛山赤膊工作的照片。我很惭愧——不是为照片，而是为那些离谱的宣扬，说我发明了时间机器和时间旅行。**事实上，就算物理学定律允许时间机器**（在本章最后可以看到，我怀疑这一点），人类现在的技术能力离它还远得很，比洞穴野人离太空旅行还要遥远。

我和两个记者谈过，才发现没有办法抵挡这潮流，也没有办法让他们把故事讲得更准确，还是一个人躲起来吧。我的后勤助理莱昂（Pat Lyon）却被大家包围了，他只好搪塞说："索恩教授相信，向大家公布研究结果，现在为时尚早。时间机器是否为物理学定律所禁止，等他觉得有了更好的认识后，会为大家写一篇文章来解释的。"

我写这一章，就是在履行那个诺言。

良　　序

1989 年 2 月，大众的喧闹慢慢静下来，埃切维里亚、克林卡默和我继续波尔琴斯基怪圈的研究。我飞往蒙大拿波茨曼去演讲，在那儿碰到了米斯纳以前的学生希斯科克（Bill Hiscock）。和看见别的同行一样，我也向他请教他对虫洞和时间机器的看法。

我在寻找有力的批评、新颖的思想和独特的观点。

"也许你该研究电磁真空涨落,"希斯科克告诉我,"在无限发达的文明把虫洞变成时间机器时,它们可能会破坏它。"在他的头脑里也有个思想实验:卡洛丽(假定是无限发达的)正带着一个虫洞口坐着我们家的飞船飞回地球,我带着另一个洞口坐在地球上,而虫洞即将成为时间机器(见上面的第 208 页图和第 212 页图)。希斯科克在想,电磁真空涨落也可能像第 212 页图里的辐射那样穿过虫洞,然后与自己碰撞,最后变得无限强烈从而破坏虫洞。

我表示怀疑,一年前,我在从芝加哥回家的路上曾想到,穿过虫洞的辐射**不会**和自己碰撞产生无限大能量的辐射束,辐射将被分散,从而虫洞不会受到破坏。我想信虫洞也会分散穿过它的电磁真空涨落,从而挽救自己。

另一方面,我想,既然时间机器是那样一个异乎寻常的物理学概念,我们应该考察任何一种可能破坏它的机会。所以,尽管我也怀疑,但还是让我的一个博士后金成旺(Sung-Won Kim)去计算穿过虫洞的真空涨落的行为。

虽然,希斯科克和康夫斯甚(Deborah Konkowski)几年前建立了很好的数学方法和思想,但金和我还是没什么进展,都怨我们自己太笨,没有一个熟悉关于真空涨落的弯曲时空的量子场定律(第 13 章)。不过,经历了一年的错误以后,我们在 1990 年 2 月终于完成了计算,得到了答案。

答案令我惊讶。尽管虫洞将努力分散真空涨落,但它们似乎

《黑洞与时间弯曲》(节选)

当卡洛丽和我在用第208页图的办法努力把虫洞转变为时间机器时,在两个洞口间穿行的电磁真空涨落与自己发生碰撞,产生一束巨大的涨落能量

会自动再聚集起来(上图)。涨落被虫洞分散后,在地球的洞口散开,仿佛到不了飞船;接着,像受到某种神秘力量吸引似的,它们又自动聚向卡洛丽飞船的洞口,通过虫洞回到地球,然后又在洞口散开,又再聚向飞船的洞口,如此反反复复,最后形成一束强大的涨落能量。

这样一束电磁真空涨落有破坏虫洞的能力吗?我们问自己。从1990年2月到9月的8个月,我们一直在同这个问题搏斗。经过几回反复,最后,我们(错误地)认为涨落"大概不会"破坏虫洞。我们自己和几个讨论过结果的同事都觉得论证有力,于是,我们写成一篇文章,交给《物理学评论》。

我们的论证是这样的:计算表明,在虫洞中往来的电磁真空涨落,**只有在近乎为零的短暂时间里才可能无限强大**。它们几乎在第一次能用虫洞做时间旅行的瞬间(也就是在虫洞刚成为时间

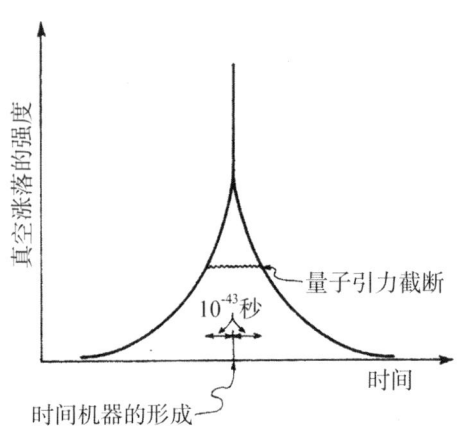

刚好在虫洞成为时间机器后穿过的电磁真空涨落强度的演化

机器时）达到最高峰，然后立刻消失，见上图。

而（我们还没有很好认识的）量子引力定律似乎认为，没有什么"似乎为零的短暂时间"。我们知道，在小于普朗克—惠勒长度 10^{-33} 厘米的尺度下，时空曲率涨落使长度概念失去了意义（见本章第 3 个图及相关讨论）；同样，在小于 10^{-43} 秒（"普朗克-惠勒时间"，等于普朗克-惠勒长度除以光速）的尺度下，时空曲率也将使时间失去意义。量子引力定律似乎认为，比这更短的时间间隔是不存在的。在这么小的间隔内，所谓**以前**、**以后**和**随时间演化**的说法都没有意义。

于是，金成旺和我认为，在虫洞间往来的电磁真空涨落一定会停止随时间的演化，也就是在虫洞成为时间机器的 10^{-43} 秒之前停止增长，量子引力定律一定会中断涨落的生长；而让它只能在时间机器诞生 10^{-43} 秒后再继续生长，那意味着在涨落开始消失以后。在这些时间之间，没有**时间**，也没有演化（上页图）。这时，关键的问题是：**在被量子引力中断生长时，往来的涨落有多强？** 我们的计算确凿无疑：涨落束在停止生长时远远不能破坏虫洞，于是，用我们在文章里的话来说，大概"真空涨落不能阻止**类时闭曲线**的形成和存在"（我以前讲过，**类时闭曲线**就是物理学家说的"时间机器"；"时间机器"在大众中热过一回了，这回我没在文章里用它；不熟悉物理学名词的普通读者，不知道我发表的是关于时间机器的新结果）。

1990 年 9 月，在把文章交给《物理学评论》时，金成旺和我给许多同事寄去了复印件，也给霍金寄了一份。霍金津津有味地读了，不同意。关于真空涨落的计算，他没有什么意见［实际上，弗罗洛夫（Valery Frolov）在莫斯科做的相同计算已经证实了我们的结果］；他反对的是我们对量子引力效应的分析。

霍金同意，量子引力很可能在时间机器产生前 10^{-43} 秒，也就是在涨落变得无限大以前 10^{-43} 秒，中断真空涨落的生长。"但是，谁测量的 10^{-43} 秒？在谁的参照系中？"他问。他提醒我们，时间是"相对的"，不是绝对的，它依赖于参照系。金和我曾假定这个特定的参照系是静止在虫洞咽喉的某个人的。霍金说（大概意思），如果选一个不同的参照系，如涨落自身——或者更准确说，某个随涨落一起运动的观察者——他从地球到飞船，快速穿过虫洞，看到地球到飞船距离从 10 光年（10^{19} 厘米）收缩到普朗克 – 惠勒长度（10^{-33} 厘米）。霍金猜想，从**这个往来的观察者看**，量子引力只有在虫洞成为时间机器前 10^{-43} 秒才能决定和中断涨落束的生长。

从静止在虫洞的观察者（金和我依靠的观察者）看，霍金的猜想意味着，量子引力中断涨落生长发生在虫洞成为时间机器 10^{-55} 秒前，而不是 10^{-43} 前——到那个时候，照我们的计算，真空涨落束是足够强大的（但也只不过刚好这么大），**可能确实会破坏虫洞**。

霍金猜想的量子引力中断的时刻是令人信服的。金和我想了很久，最后认为他很可能是对的。我们想赶在论文发表以前把它改正过来。

然而，最基本的一点还是不能确定。即使霍金对了，真空涨落束会不会破坏虫洞，仍然远远没有说明——寻找确定的结果，需要我们认识量子引力在时间机器形成那一时刻附近 10^{-95} 秒的间隔内会做些什么。

简单地说，**量子引力将虫洞能否成功成为时间机器的答案藏起来了**。为了找出答案，我们首先得成为量子引力定律的专家。

霍金对时间机器有着严厉的批评，他认为大自然也憎恶它们；他把这种憎恶表达为一个猜想，一个能维护时间次序的**良序猜想**,① 它指出，**物理学定律不允许时间机器**。（霍金以他特有的幽

---

① 原文 "Chronology Protection" 是 "时序保护"，我觉得这在汉语里不像一个 "术语"，所以借了一个数学名词，"良序"，前面加 "维护时间" 的定语，似乎还算恰当。本节小标题也是用的这个词。——译者注

默,说这个猜想能"保证世界不会破坏历史"。)

霍金猜测,大自然就是通过真空涨落束的生长来加强维护时间顺序的:当我们想做时间机器时,不论用什么样的事物(如虫洞、旋转柱、"宇宙弦"①或其他什么东西),在它成为时间机器前,总会有一束真空涨落穿过它,并破坏它。霍金好像已经准备为这个结果下大赌注了。

我不愿成为这个赌局的另一方。我真喜欢同霍金打赌,但我只打获胜机会较大的赌。我本能地感到,如果去赌这个,我准会输的。我与金的计算和弗朗纳根(Eanna Flanagan,我的学生)最近没发表的计算似乎说明霍金很可能是对的。不过,在物理学家深刻认识量子引力定律之前,我们谁也不能肯定。

选自《黑洞与时间弯曲》,[美]基普·索恩著,李泳译,湖南科学技术出版社,2018年。

---

① 普林斯顿大学 Richard Gott 最近发现,可以通过让两根无限长宇宙弦(一种在宇宙中可能存在也可能不存在的假想物体)以极高速度相对移动来做时间机器。

我凭什么相信我说的——
读基普·索恩《黑洞与时间弯曲》
田 松

田松按：

作者基普·索恩（Kip Thorne）2017年得了诺贝尔奖，我把此文重新发一遍。我当初关注此人，因为他是惠勒（John Wheeler, 1911—2008）的学生。当下活跃在引力波领域的很多人，都是惠勒的学生。

惠勒是哥本哈根学派最后一位大师，是他把"黑洞"命名为黑洞。他有很多惊世骇俗的观点。比如他说，要想了解某一个领域，就写一本关于这个领域的书；要写一本关于这个领域的书，就开一门关于这个领域的课。作为量子力学的重要人物，他想了解广义相对论，就在普林斯顿开了一门广义相对的课，带领一些青年学生一起研读广义相对论，这其中就有基普·索恩。几年之后，出了一本书，叫做《引力》（1973年），基普·索恩也在作者之列。这

1

《黑洞与时间弯曲》(节选)

本书很快成为美国广义相对论领域的重要教材,直至今日。惠勒本人没有得过诺贝尔奖,不过,他的学生理查·费曼(Richard Feymann, 1918—1988)早在 1965 年就获得了诺贝尔奖。基普·索恩是第二位。

惠勒是一位优秀的物理学教育家,除了费曼和基普之外,还有很多优等生。比如艾尔佛雷特 Everett,是科幻小说里常用的多世界理论的提出者。再比如贝肯斯坦,曾与霍金打赌,他认为黑洞的熵正比于黑洞的视界面积,最后战胜霍金,赢了一美元。当时只有惠勒支持这位学生,说:你这想法足够疯狂,所以很可能是对的!

基普·索恩于 1962 年从加州理工学院毕业,去了普林斯顿,跟随惠勒。只用了三年,1965 年,就获得了博士学位。1967 年,基普·索恩回到加州理工任职,三年后,1970 年,在他三十岁的时候,升为教授。是加州理工学院历史上最年轻的教授之一。加州理工学院,是理查·费曼所在的学校,也是谢耳朵所在的学校。

基普·索恩很早就有了公众知名度。当

前一张照片是基普·索恩在 1972 年的样子,后一张是 2007 年的样子。

年卡尔·萨根（Carl Sagan，1934—1996）写他唯一的科幻小说《接触》(1985)，想要时间旅行，专门给基普·索恩打电话，基普就告诉他，此刻物理学能够允许的时间旅行，唯有通过虫洞。不过，虫洞压力巨大，连飞船都会被挤碎成一个一个粒子，不过卡尔·萨根不管那许多，就用了虫洞。于是在电影《接触》(1997)中，朱迪·福斯特就坐在大椅子上，向基地报告：我穿过了一个又一个虫洞！

再后来，前几年风靡一时的《星际》(2014，中文翻译成《星际穿越》，"穿越"为原名所无，我以为属于添足之举)，科学顾问赫然就是基普·索恩。所以《星际》之中，也是穿越虫洞。

任意画一个三角形，根本就不需要测量，就可以告诉你，三角之和为180度——一个大劈叉。这件事对于学过几天平面几何的人来说差不多是不言自明的。我在上初中时曾对此事半信半疑，拿三角器认真地量过几个任意的三角形，结果是都不等于180度，当然都近似地等于。但是我只能认为是我劈叉的本领还不够。因为在测量之前我已经相信了——我只不过是想验证一下。欧氏几何简洁严谨的证明让任何一个有逻辑头脑的人不能不信。如果有谁不信，一定是个与情人闹情绪的女人/男人，只有这时的女人/男人才会凭着一股浩然之气否定一切理性。

但是这事想起来也很奇怪，有无穷多种三角形，大部分从来没有被人画出来过，怎么就敢于凭着公理和推理就认定人家三只角的加起来的尺寸？

《黑洞与时间弯曲》(节选)

1846发生了一件大事，有人根据牛顿的引力定律预言了一颗行星，而天文学家竟然根据预言的方位发现了这颗星，轨道、大小都与预言一致。这颗星就是海王星。以前亚里士多德相信天地有别，遵从不同的物理规律。可是作为地球上渺小的人竟然能预知天体的奥秘，这件事比三只角的大劈叉还让人奇怪。凭什么？不过人们很快就想通了。自那以后，任何一个有逻辑头脑的人都会相信天地无二的万有引力定律，谁要是不信，不知要闹多大的情绪才行。牛顿定律说什么事情会怎么样，那就会怎么样，如果不怎么样，那才让人惊奇。

可是让人震惊的事情还是发生了。1919年5月，英国的爱丁顿爵士派了两支远征队跑到巴西拍摄日食。其实不是想拍太阳，而是想拍被太阳遮住的一颗恒星，想看看当太阳经过时，这颗星星是不是还在那个地方。这个想法本身就很疯狂，爱因斯坦就责问过量子物理学家们："你们是否怀疑月亮在没有人看到它的时候就不存在了？"星星当然还是那个星星，只是位置有些偏。因为爱因斯坦的广义相对论认为，太阳的引力会使光线弯曲，所以星星就会偏一个角度，就像我们看水中的筷子似的。而爱因斯坦不是说说而已，还把偏离的角度给算出了。爱丁顿就是想看看它究竟偏没偏，偏多少。结果大家都已经知道。当年11月爱丁顿公布观察结果时，广义相对论差不多成了全世界报纸的头条。

这件事说起来还是让人奇怪。根据一个简单的原则，得到一个用数学式表达的物理规律，就把一个从来没有被人意识的

科学建构：
从几何模型到物理世界

江晓原
科学读本

问题给发现出来了。注意，不是去解决一个人们没有解释清楚的已知事件，而是预言一个未知事件。相对论的出发点其实非常简单，就叫做相对性原理：在不同的参照系中的物理规律应该相同。他假定光速不变，就得到了狭义相对论；假定惯性质量和引力质量相同，就得到了广义相对论。然后他就告诉你，光和引力正在调情，时间和空间都弯曲了。就好比说，去，画一个三角形吧，三角之和是一个劈叉角。他自己连画都不画就等着你测量结果证明他伟大。爱因斯坦本人也觉得这样的事情实在不可理解，于是他说：这个世界最不可理解的事情在于它可以理解。

事情当然没有结束。你敢做大劈叉，就有人敢做后空翻。根据广义相对论，人们已经能够对整个宇宙进行描述。想想吧，人是宇宙的一部分，也只能观察到宇宙的一部分，竟然能描述宇宙的整体。就好比一个虱子不仅能画出人体表面地图，还能分析人类的繁殖速度，能够看它们可持续发展多少年。这个比喻有些不雅，不过我一时也想不出更好的。如果真有上帝存在，知道人正琢磨宇宙的事，一定吓一大跳，就像人忽然知道虱子怎么盘算吃他一样，如果不惹出点乱子来，实在不对头。有人根据广义相对论的宇宙学公式一算，宇宙是不稳定的，要么在膨胀，要么在收缩。就像一个虱子知道人正在长个一样。爱因斯坦觉得这事不大好，就给自己的方程上生生加了一项，以保证宇宙的稳定。爱因斯坦后来说："这是我一生中最愚蠢的一件事。"宇宙真的不稳定，忧天的杞人大有道理。

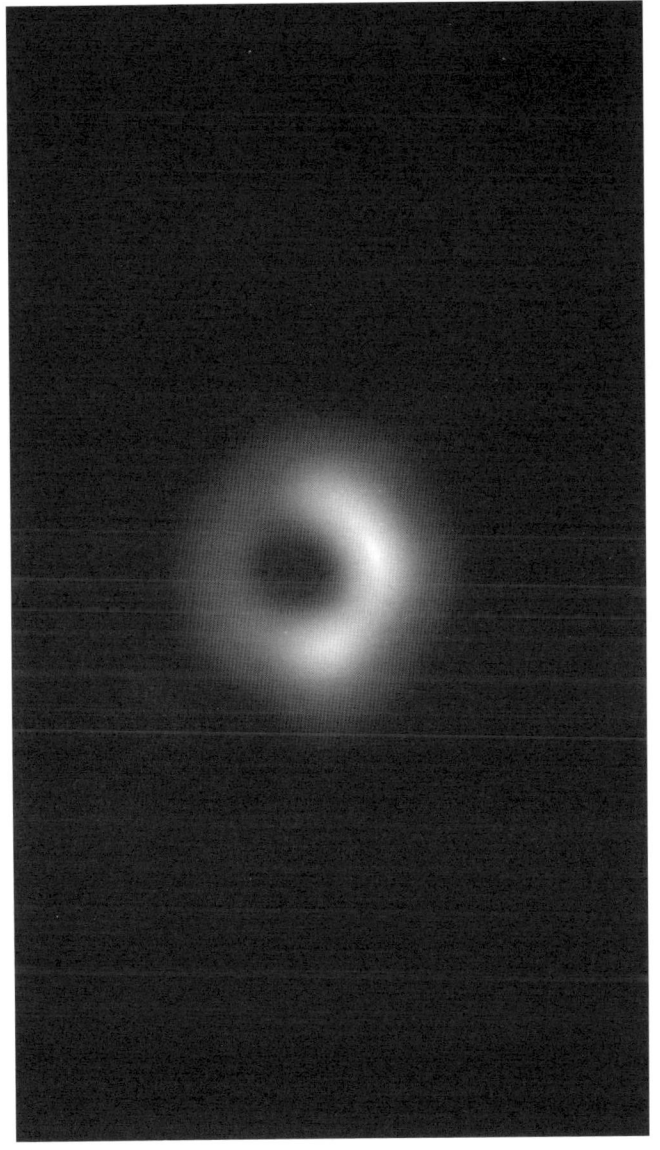

华丽亮相的 M87 星系黑洞（图片来源：EHT）

科学建构： 江晓原
从几何模型到物理世界 科学读本

有史瓦西设想，既然引力能使光线弯曲，当引力足够大的时候，就能把光线牢牢吸住，根本就发不出去。这个天体就是一个黑洞。连光都逃不出来，别的东西就更不用说了。史瓦西也不是说说而已，他也算出来了。爱因斯坦和爱丁顿都不爱黑洞这个怪东西，就说史瓦西算得还不够，他要接着算。结果是，大家都算对了，但是爱因斯坦对计算的解释错了。此头儿一开，各种人们在地球上匪夷所思的事情，白矮星、中子星、奇点、引力波、虫洞、时间弯曲和时间机器，等等，接踵而至。

写了这么多，其实才写到开头。这些奇异的事情才是我要介绍的这本书所要介绍的东西。黑洞大概是物理学家所创造出来了的最奇异的东西，这本书的作者基普·索恩亲身参加这个东西的创造，非常有资格谈这件事。与艺术家的创造不同，物理学家的创造物很可能真的存在。尽管天文学家也只发现一点儿间接的证据。但作者显然坚信黑洞的存在，同时他也相信，广义相对论只是某个真正的引力定律的近似，而真正的定律一定是量子力学的。如同劈叉角一样，这个信心当然来自公理和推理。不过，现在的天体物理学家已经完全进入到理论的狂想，完全走到天文观测的前面。作者不免要问："我从没见过黑洞，怎么能有信心保证这些事情呢？"这样的问题被一代一代的物理学家反复追问，把物理学追问得向前疯跑。所以在本书的注释前，作者又郑重地写上了本文的标题：我凭什么相信我说的？

真是一个好问题。

膜的新世界

霍金

| 导读 |

物理世界里存在各自为政、互不相干的理论,它们有各自的适用范围。这一现象让物理学家们感到不安。科学的进程就是寻找一致性,寻找具有普遍解释力的统一理论的过程。牛顿的万有引力打破希腊人的天地隔阂,统一解释了天上与地上的力学现象;德布罗意的物质波统一了光的波动性和粒子性。这些进展让物理学家们感到欣慰。但是,大统一的进程是艰难的,不能被统一的理论还顽强地存在着,爱因斯坦曾为此度过了一个忧郁的晚年。

到目前为止,基本物理理论可以分成两个独立的部分:(1)描述微观粒子行为的标准模型,该理论统一了电磁相互作用、强相互作用和弱相互作用;(2)描述大尺度物体之间引力行为的广义相对论。试图把这两部分理论统一起来的尝试从来

在牛津大学读书时的霍金

没有停止过,超弦理论就是其中的一种尝试。人们抛弃了基本粒子是点粒子的假设而代之以基本粒子是一维弦的假设,从而建立起超弦理论。该理论认为自然界中的各种不同粒子都是一维弦的不同振动模式。

研究发现,在十维空间中有五种自洽的超弦理论,它们分别是一个 IIA 理论、一个 IIB 理论、一个规范为 Apin（32）/Z_2 的杂化弦理论、一个规范群为 $E_8 \times E_8$ 的杂化弦理论和一个规范为 SO（32）的 I 型弦理论。到 1995 年人们又得到一个比较完美的关于这五种超弦理论统一的图像：即存在一个唯一的理论——M 理论。

1 膜的新世界

超弦理论成功地解释了黑洞的熵和辐射,第一次从微观理论出发,利用统计物理和量子力学的基本原理,严格地导出了宏观物体黑洞的熵和辐射公式。人们在尝试将五种超弦理论和十一维超引力统一到M理论中去也初见成效,但M理论在提出时并没有一个严格的数学表述,因此寻找M理论的数学表述和仔细研究M理论的性质就成了这一时期理论物理研究的热点。

霍金的身躯虽然被禁锢在轮椅上,但他的奔腾不息的大脑一直活跃在理论物理学的前沿。通过《膜的新世界》这篇公开演讲稿,我们可以了解霍金对M理论的通俗介绍。

Can you hear me? I don't know.

我想在这次演讲中描述一个激动人心的新机制,它可能改变我们关于宇宙和实在本身的观点。这个观念是说,我们可能生活在一个更大空间的膜或者面上。

膜这个字拼写为BRANE,是由我的同事保罗·汤森为了表达薄膜在高维的推广而提出的。它和头脑是同一双关语,我怀疑他是故意这么做的。我们自以为生活在三维的空间中,也就是说我们可以用三个数来标明物体在屋子里的位置,它们可以是离开北墙五英尺,离开东墙三英尺,还比地板高两英尺,或者在大尺度下,它们可以是纬度、经度和海拔。在更大的尺度下,我们可以用三个数来指明星系中恒星的位置,那就是星系纬度、星系经度以及和星系中心的距离。和原来标明位置的三个数一样,我们可以用第四个数来标明时间。这样，我们就可以把自己描述成生活在四维时空中，在四维时空中可以用四个数来标明一个事件，其中三个是标明事件的位置，第四个是标明时间。

爱因斯坦意识到时空不是平坦的，时空中的物质和能量把它弯曲甚至翘曲，这真是他的天才之举。根据广义相对论，物体例如行星企图沿着直线穿越时空运动，但是因为时空是弯曲的，所以它们的路径似乎被一个引力场弯折了。这就像你把重物代表一个恒星放在一个橡皮膜上，重物会把橡皮膜压凹下去，而且会在恒星处弯曲。现在如果你在橡皮膜上滚动小滚珠，小滚珠代表行星，它们就围绕着恒星公转。我们已经从 GPS 系统证实了时空是弯曲的，这种导航系统装备在船只、飞机和一些轿车上。它依靠比较从几个卫星来的信号而运行。如果人们假定时空是平坦的，它将会把位置计算错。

三维空间和一维时间是我们看到的一切。那么我们为什么要相信我们不能想起不能观察到的它的额外维呢？它们仅仅是科学幻想呢，还是能够被看得到的科学后果呢？我们认真地接受额外维的原因是，虽然爱因斯坦广义相对论和我们所做的一切观测相一致，该理论预言了自身的失效。罗杰·彭罗斯和我在讨论广义相对论时预言时空在大爆炸处具有开端，在黑洞处有终结。在这些地方广义相对论失效了。这样人们就不能够预言宇宙如何开端，或者对落进黑洞的某人将会发生什么。

广义相对论在大爆炸或黑洞处失效的原因是没有考虑到物质

1 膜的新世界

的小尺度行为。在正常情况下，时空的弯曲是非常微小的，并也是在相对场的尺度上，所以它没有受到短距离起伏的影响。但是在时间的开端和终结，时空就被压缩成单独的一点。为了处理这个，我们想要把非常大尺度的理论即广义相对论和小尺度的理论即量子力学相结合。这就创生了一种 TOE，也就是万物的理论，它可用来描述从开端直到终结的整个宇宙。

TOE 即 Theory Of Everything 的首字母缩写。

我们迄今已经花费了 30 年的心血来寻找这个理论，目前为止我们认为已经有了个候选者，称为 M 理论。事实上，M 理论不是一个单独的理论，而是理论的一个网络，所有的理论事物都在物理上等效，这和科学的实证主义哲学相符合。

在这哲学中，理论只不过是一个数学模型，它描述并且整理观测。(Positivist Philosophy—A theory is just a mathematical model, that describe and codifies the observations) 人们不能询问一个理论是否反映现实，因为我们没有独立于理论的方法来确定什么是实在的。甚至在我们四

科学建构：
从几何模型到物理世界

江晓原
科学读本

> "我们是不是活在虚拟的电脑游戏中？"霍金在这里提到这点是当作开玩笑，但实际上确实有人在比较认真地思考这个问题，他们提出了一些有关"虚拟现实"的理论，但还远远没有达到回答前面这个问题的能力。

科学赌注：霍金四赌四输
> 霍金对于关于科学的赌注，似乎有着一种难以解释的痴迷，而且，他似乎并不介意输掉这些赌注，毕竟他已经连续输掉了四次——付出的赌注也是千奇百怪，

周，被认为显然是实在的物体，从实证主义的观点看，也不过是在我们头脑中建立的一个模型，用来解释我们视觉和感觉神经的信息。当人们把贝克莱主教的"没有任何东西是实在的"见解告诉约翰逊博士时，既然他用脚尖踢到一个石头并大声吼叫，那么我也就驳斥这种见解。

但是我们也许都和一台巨大的电脑模拟连在一起，当我们发出一个马达信号去把虚拟的脚摆动到一块虚拟的石头上去，它发出一个疼痛的信号。也许我们也就是外星人玩弄的电脑游戏中的一个角色。不再开玩笑了，关键在于我们能有几种不同的对于宇宙的描述，所有的这些理论都预言同样的观察。我们不能讲一种描述比另外一种描述更实在，只不过是对一种特定情形更方便而已。所以 M 理论网络中的所有理论都处于类似地位。没有一种理论可以声称比其余的更实在。

令人印象深刻的是，M 理论网络中的许多理论的时空维数具有比我们经验到的四维更高。这些额外维数是实在的

吗？我必须承认我曾经对额外维持迟疑的态度。但是，M 理论网络配合得天衣无缝，并且具有这么多意想不到的对应关系，使我认为如果不去相信它，就如同上帝把化石放进岩石里，误导达尔文去发现进化论一样。

在这些网络的某些理论中，时空具有十维，而在另一些中，具有十一维。这是如下事实的又一个迹象，即时空以及它的维不是绝对的独立于理论的量，而只不过是一个导出概念，它依赖于特殊的数学模型而定。那么对我们而言，时空是显得四维的，而在 M 理论是十维或者十一维的。这是怎么回事呢？为什么我们不能观察到另外的六或七维呢？

这个问题的传统的也是迄今仍被普遍接受的答案是，额外维全部被卷曲到一个小尺度的空间中，余下四维几乎是平坦的。它就像人的一根头发，如果你从远处看它，它就显得像是一维的线。但是如果你在放大镜下看它，你就看到了它的粗细，头发的的确确是三维的。在时空的

包括 T 恤、百科全书、100 美元、甚至还有一年的情色杂志……

据《卫报》报道，在 1975 年，霍金就曾经与后来在 2017 年获得了诺贝尔物理学奖的加州理工学院教授基普·索恩（Kip Thorne）之间有过一场赌注。

对于当时宇宙射线源天鹅座 X-1 是黑洞的实体的理论，霍金对此持怀疑的态度，而索恩持肯定态度。

因此，二人当时便立下字据，霍金以一年的情色杂志对赌索恩 4 年的《私家侦探》杂志。

这场赌约在 15 年后终于有了分晓——天鹅座 X-1 的身份得到了确认，而霍金也是愿赌服输，在 1990 年前往南加州大学演讲时，他闯入索恩的办公室中翻出了当时的赌约，表示认输，并且真的给索恩订了杂志。

毫无疑问，霍金是很开心地输掉了这次打

科学建构：
从几何模型到物理世界

江晓原
科学读本

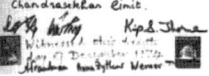

霍金和索恩的赌约

赌，因为这就意味着黑洞真的被确认了，也就是证明了他这一生的工作。

不过，输了赌约的霍金并没有"善罢甘休"，1991年他找到了索恩和其同事普雷斯基（Preskill），赌宇宙中不可能存在裸奇点，谁输了就要给对方提供能够

情形下，足够高倍数的放大镜应能揭示出弯卷的额外维数，如果它存在的话。事实上，我们可以利用大型粒子加速器产生的粒子把空间探测到非常短的距离，比如在日内瓦建造的大型强子碰撞机。至少，迄今我们还没有探测到超出四维的额外维的证据。如果这个图像是正确的，那么额外维就会被卷曲到比一厘米的一百亿亿分之一还小。

我刚才描述的是处理额外维的传统手段。它意味着我们有较大的机会探测到额外维的仅有之处是宇宙的极早期。然而最近有人提出更激进的设想，额外维中的一维或者二维尺度可以大得多，甚至可以是无限的。因为在粒子加速器中没有看到这些大的额外维，所以必须假定所有的物质粒子被局限在时空的一个膜或面上，而不能自由地通过大的额外维传播。光也必须被限制在膜上，否则的话，我们就已经探测到大的额外维，粒子之间的核力的情形也是如此。

另一方面，引力是所有形式的能量或

质量之间的普适的力。它不能被限制于膜上，相反地，它要渗透到整个空间。因为引力不仅能够耗散开，而且能够大量发散到额外维中去，那么它随距离的衰减应该比电力更厉害。电力是被限制在膜上的。然而我们从行星轨道的观测得知，太阳的万有引力拉力，随着行星离开太阳越远越下降，和电力随距离减小的方式相同。

这样，如果我们的确生活在一张膜上，就必须有某种原因说明为何引力不从膜往很远处散开，而是被限制在它的附近。一种可能性是额外维在第二张影子膜上终结，第二张膜离我们生活在其中的膜不远。我们看不到这张影子膜，因为光只能沿着膜旅行，而不能穿过两膜之间的空间。然而我们可以感觉到影子膜上物体的引力。可能存在影子星系、影子恒星甚至影子人，他们也许正为感受到从我们膜上的物质来的引力而大大惊讶。对我们而言，这类影子物体呈现成暗物质，那是看不见的物质。但是其引力可以被感觉到。

事实上，我们在自身的星系中具有暗

"包裹裸体"的衣服。

这次的赌注并没有延续的太久——1997年，德州大学的科学家用超级计算机证明：在黑洞坍塌时，裸奇点在理论上可以存在。

霍金只好低头认输，给二位对手各奉上一件T恤，但是还不忘"暗戳一刀"，在衣服上写下一行"大自然讨厌裸露"。

同年，连输两次的霍金又"倒戈"和索恩一起跟普雷斯基以一本百科全书作为赌注，赌"信息是否会在宇宙中消失"，最后2004年霍金在俄亥俄州立大学宣布一个合理假设后自动认输，赔了一本百科全书了事。

2012年，希格斯玻色子的发现又使得霍金掏出了100美元，他在当时接受BBC的采访时说："我曾与（美国密歇根大学的教授）戈登·凯恩打赌，认为希格斯玻色子不会被找到，看来我刚刚输掉了100美元。"

"暗物质"统指那些用目前的观测手段测不到而根据某种理论推测它们却应该存在的物质。暗物质的可能种类很多,有不发光的星际尘埃,也有反物质,等等。

物质的证据。我们能看到的物质的总量不足以让引力把正在旋转的星系抓在一起。除非存在某种暗物质,该星系将会飞散开。类似地,我们在星系团中观测到的物质总量也不足以防止它们散开,这样又必须存在暗物质。当然,影子膜并不是暗物质的必要条件。暗物质也许不过是某种很难观测到的物质的形式,例如wimp(弱相互作用重粒子),或者褐矮星以及低质量恒星,后者从未热到足以使氢燃烧。

因为引力发散到我们的膜和影子膜之间的区域,在我们膜上的两个邻近物体间的万有引力随距离的下降会比电力更厉害,因为后者被局限于膜上。我们可能在实验室中,利用剑桥的卡文迪许爵士发明的仪器测量引力的短距离行为。迄今我们没有看到和电力的任何差异,这意味着膜之间距离不能超过一厘米。按照天文学的标准,这是微小的,但是和其他额外维的上限相比是巨大的。正在进行短距离下引力的新测量,用以检测"膜世界"的概念。

另一种可能性是,额外维不在第二张

膜上终结，额外维是无限的，但是正如马鞍面一样被高度弯曲。莉萨朗达尔和拉曼桑德鲁姆指出，这种曲率的作用和第二张膜相当类似。一张膜上的一个物体的引力影响，将不会在额外维中发散到无限去。正如在影子膜模型中，引力场长距离的衰减正好用以解释行星轨道和引力的实验室测量，但是在短距离下引力变化得更快速。然而在朗达尔－桑德鲁姆模型和影子膜模型之中存在一个重大的差别。物体受引力影响而运动，会产生引力波。引力波是以光速通过时空传播的曲率的涟漪。正如光的电磁波，引力波也必须携带能量，这是一个在对双脉冲星观测中被证实的预言。

如果我们的确生活在具有额外维的时空中的一张膜上，膜上的物体运动产生的引力波就会向其他维传播。如果还有第二张影子膜，它们就会反射回来，并且被束缚在两张膜之间。另一方面，如果只有单独的一张膜，而额外维无限延伸，就像朗达尔－桑德鲁姆模型中那样，引力波会全部逃逸，从我们的膜世界把能量带走。这似乎违背了一个基本物理原则，即能量守恒定律。它是讲总能量维持不变。然而，只是因为我们对所发生事件的观点被限制在膜上，所以就显得定律被违反了。一个能看到额外维的天使就知道能量是常数，只不过更多的能量被发散出去。

只有短的引力波才能从膜逃逸，而仅有大量的短引力波的源似乎来自于黑洞。膜上的黑洞会延伸成在额外维中的黑洞。如果黑洞很小，它就几乎是圆的，也就是说它向额外维延伸的长度就和在膜上的尺度一样。另一方面，膜上的巨大黑洞将会延伸成"黑饼"。它被

科学建构：
从几何模型到物理世界

江晓原
科学读本

限制在膜的邻近，它在额外维中的厚度比在膜上的宽度小得多。

若干年以前，我发现了黑洞不是完全黑的：它们会发射出所有种类的粒子和辐射，它们就如热体一样。粒子和像光这样的辐射会沿着膜发射，因为物质和电力被限制在膜上。然而，黑洞也辐射引力波，这些引力波不被限制在膜上，也向额外维中传播。如果黑洞很大，并且是饼状的，引力波就会留在膜的附近，这意味着黑洞以四维时空中所预想的速度损失能量和质量。因此黑洞会缓慢地蒸发，尺度缩小，直至它变得足够小，使它辐射的引力波开始自由地逃逸到额外维中去。对于膜上的某人，黑洞就相当于在发散暗辐射，也就是膜上不能直接观察到的辐射，但是其存在可以从黑洞正在损失质量这一事实推出。这意味着从正在蒸发的黑洞来的最后辐射暴显得比它的实际更不激烈些，这也许就是为什么我们还未观测到伽马线暴，后者由正在死亡的黑洞产生。

虽然还存在另一种乏味的解释，就是说不存在许多这样的黑洞，其质量小到不迟于宇宙的现阶段蒸发。这真是遗憾，因为如果发现一个低质量的黑洞，我就会获得诺贝尔奖。

对于膜世界的产生有几种理论。一种版本是称为 Ekpyrotic 宇宙的影子膜模型。Ekpyrotic 这个名字有点绕嘴，但是它是从希腊文来的，意思是运动和变化。在 Ekpyrotic 场景中，人们认为我们的膜以及影子膜存在了无限久。他们是在无限的过去在静态中启始的。膜之间一个非常小的力就使他们相互运动，膜就会碰撞，并且相互穿越，产生大量的热和辐射。这一碰撞被认为是大爆炸，也就是宇宙热膨胀相的启始。

关于膜是否能够碰撞以及如此这般行为，存在许多未解决的技术问题。但是，即使膜具有所需要的性质，以我的意见，Ekpyrotic场景也是不能令人满意的。它要求膜在无限的过去启始时，处于一种以不可思议的精度调准的位形之中。膜的初始条件的任何微小变化，都会使碰撞变得乱糟糟的，产生一个高度无规的膨胀宇宙，一点也不像我们现在观察到的这个几乎光滑的宇宙。如果膜从它们的基态或者最低能态启始，初始条件被精确指定便是很自然的了。但是如果存在最低能态，膜将会停留在那儿，而永不碰撞。但事实上，膜从一个非稳态启始，必须人为地让它处于这种态。这必须是一只相当稳定的手，才能使初始条件那么精确。但是，如果一个人能够做到这一点，他能够使膜从任何方式启始。

按照我的意见，膜世界启始的更远为吸引人的解释是，它作为真空中的起伏而自发产生。膜的产生有点像沸腾水中蒸气泡的形成。水液体中包含亿万个 H_2O 分子，它们在最靠近的邻居之间耦合，并且挤在一起。当水被加热，分子运动得更加快，并且相互弹开。这些碰撞偶然赋予分子如此高的速度，使得它们中的一群能摆脱它们的键，形成热水围绕着的蒸气小泡泡。泡泡将以随机的方式长大或缩小，这时从液体中来的更多的分子参与到蒸气中去，或者相反的过程。大多数小蒸气泡将会重新塌缩成液体，但是有一些会长大到一定的临界尺度，超过该临界尺度泡泡几乎肯定会继续成长。我们在水沸腾时观察到的正是这些巨大的膨胀的泡泡。

膜世界的行为很类似。真空中的起伏会使膜世界作为泡泡从无中出现。膜形成泡泡的表面，而内部是高维空间。非常小的泡泡将重新塌缩成无。但是一个由量子起伏成长的泡泡超出一定的临界尺度，很可能继续膨胀。在膜上，也就是在泡泡的表面上的人们（例如我们）会以为宇宙正在膨胀。这就像在气球的表面上画上星系，然而把它吹涨，星系就相互离开，但是没有任何星系被当作膨胀的中心。让我们希望，没有人持宇宙之针将泡泡放气。随着膜膨胀，内部高维空间的体积会增大。最终存在一个极其巨大的泡泡，它被我们生活在其中的膜环绕着。膜也就是泡表面上的物质，将确定泡泡内部的引力场。

平等地，在内部的引力场也将确定膜上的物质。它就像一张全息图。一张全息图是一个三维物体被编码在一个二维表面上的象。我对全息图的全部知识是，在一张图上是星际航行的一个集中的场景，我本人与牛顿和爱因斯坦在一起（之后是一段黑白短片，在一个飞船船舱内三位巨匠和一位类似于船长的人在打牌，讨论着一些事情）。类似于，我们认为是四维时空的也许只是五维泡泡内部区域所发生的事件的一张全息图。

这样，什么是实在的呢？是泡泡还是膜？根据实证主义哲学，这是没有意义的问题。因为不存在独立于模型的实在性的检验，或者说什么是宇宙的真正维数是没有意义的，四维和五维的描述是等效的。我们生活在三维空间和一维时间的世界中，我们对这一些自以为一清二楚。但是我们也许只不过是闪烁的篝火在我们存在的洞穴的墙上的投影而已。但愿我们遭遇到的任何魔鬼都是影子。

膜世界模型是研究的热门课题,它们是高度猜测性的。但是它们提供了可供观测验证的新行为,它们可以解释万有引力为什么这么弱。在基本理论的基础中,引力也许相当强大,但是引力在额外维散开意味着,在我们生活在其中的膜上的长距离引力变弱了。如果引力在额外维中更强,那么在高能粒子碰撞时形成小黑洞就容易得多。这也许在日内瓦建造中的LHC也就是大型强子碰撞机上可能实现。一个微小的黑洞不会吃掉地球,不像报纸中绘声绘色的恐怖故事那样。相反地,黑洞将会在"霍金辐射"的"扑"的一声中消失,而我将得到诺贝尔奖。LHC加油!我们可以发现一个膜的新奇世界。

LHC是Large Hadron Collider的首字母缩写。

2002年8月霍金到北京参加世界数学家大会,先期到达杭州参加一个该次大会的卫星会议。本文是霍金当时在浙江大学的一次公开演讲。全文以《果壳里的宇宙》(霍金著,吴忠超译,湖南科学技术出版社2002年出版)第七章"膜的新奇世界"为底本增删而成。

声 明

按照《中华人民共和国著作权法》相关规定,本书中所涉及文字作品、美术作品、摄影作品等,我们已尽量寻找原作者支付报酬,但因条件限制有些仍未能联系到原作者,原作者如有关于支付报酬事宜可及时与出版社联系。

图书在版编目(CIP)数据

科学建构: 从几何模型到物理世界 / 江晓原主编. — 上海:上海教育出版社, 2019.6
(江晓原科学读本)
ISBN 978-7-5444-9231-7

Ⅰ.①科… Ⅱ.①江… Ⅲ.①科学方法论 – 普及读物
Ⅳ.①G304-49

中国版本图书馆CIP数据核字(2019)第122309号

策划编辑　宁彦锋
责任编辑　章琢之　荼文琼
书籍设计　陆　弦
印装监制　朱国范

江晓原科学读本
科学建构: 从几何模型到物理世界
江晓原　主编

出版发行　上海教育出版社有限公司
官　　网　www.seph.com.cn
地　　址　上海市永福路123号
邮　　编　200031
印　　刷　上海中华商务联合印刷有限公司
开　　本　889×1194　1/32　印张8.5　插页4
字　　数　165千字
版　　次　2019年7月第1版
印　　次　2019年7月第1次印刷
书　　号　ISBN 978-7-5444-9231-7/N·0026
定　　价　48.00元

如发现质量问题,读者可向本社调换　电话:021-64377165